Jonathan Barth, Claudia Schmidt (Hrsg.)

Wirtschaftsmediation – Interkulturalität, Diversität und Führungspolitik

Steinbeis-Edition

Autoren

Gernot Barth
Bernd Reichelt
Kathrin Prahst
Bernd Müller-Allissat
Christin Höpfel
Jürgen Staupe
Mona Majewski
Yvonne Effenberger
Swen Schwerin
Kathrin Hackbarth
Katja Restifo
Philipp Schwenkkraus
Judith Alison Eichberger
Bettina Rudy

Wirtschaftsmediation – Interkulturalität, Diversität und Führungspolitik

Jonathan Barth, Claudia Schmidt (Hrsg.)

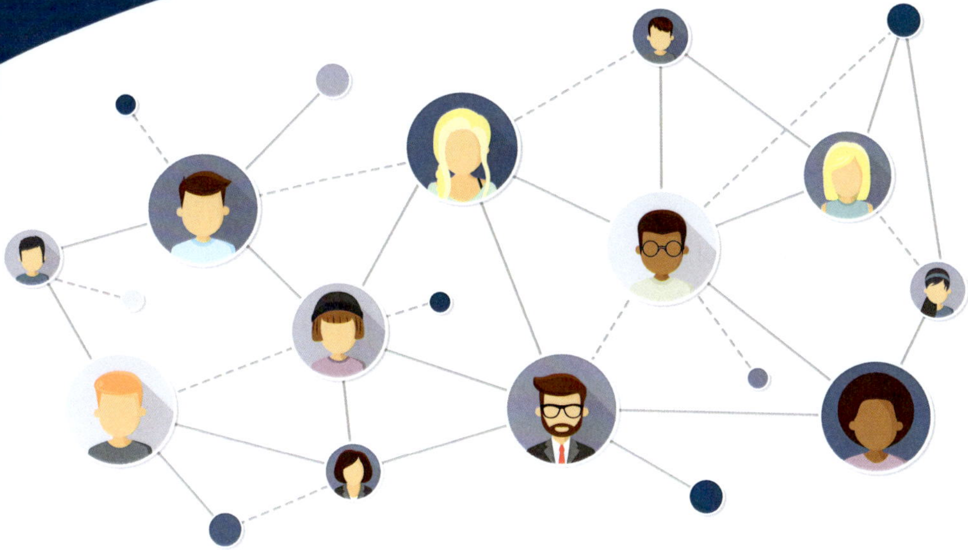

Schriftenreihe des Fachmagazins Die Mediation | Band 6

Herausgegeben von Gernot Barth

Die MEDIATION

Fachmagazin für Konfliktlösung – Entscheidungsfindung – Kommunikation

Hinweis im Sinne des Gleichbehandlungsgesetzes: Aus Gründen der leichteren Lesbarkeit wird auf eine geschlechtsspezifische Differenzierung verzichtet. Entsprechende Begriffe gelten im Sinne des Gleichbehandlungsgesetzes für alle Geschlechter.

Impressum

2020 Steinbeis-Edition

Schriftenreihe des Fachmagazins Die Mediation | Band 6
Herausgegeben von Gernot Barth

Jonathan Barth, Claudia Schmidt (Hrsg.)
Wirtschaftsmediation – Interkulturalität, Diversität und Führungspolitik

1. Auflage, 2020 | Steinbeis-Edition, Stuttgart
ISBN 978-3-95663-223-5
Diese Publikation ist auch als E-Book (PDF) erhältlich. ISBN 978-3-95663-228-0

Satz: Steinbeis-Edition
Titelbild: Maike Hildebrandt/shutterstock.com
Druck: e.kurz+co druck und medientechnik gmbh, Stuttgart

Steinbeis ist mit seiner Plattform ein verlässlicher Partner für Unternehmensgründungen und Projekte. Wir unterstützen Menschen und Organisationen aus dem akademischen und wirtschaftlichen Umfeld, die ihr Know-how durch konkrete Projekte in Forschung, Entwicklung, Beratung und Qualifizierung unternehmerisch und praxisnah zur Anwendung bringen wollen. Über unsere Plattform wurden bereits über 2.000 Unternehmen gegründet. Entstanden ist ein Verbund aus mehr als 6.000 Experten in rund 1.100 Unternehmen, die jährlich mit mehr als 10.000 Kunden Projekte durchführen. So werden Unternehmen und Mitarbeiter professionell in der Kompetenzbildung und damit für den Erfolg im Wettbewerb unterstützt. Die Steinbeis-Edition verlegt ausgewählte Themen aus dem Steinbeis-Verbund.

211068-2020-07 | www.steinbeis-edition.de

Vorwort

Gernot Barth

Wirtschaftsmediation ist in den letzten Jahren in immer mehr Unternehmen als Instrument der Personalabteilungen angekommen. Dabei gehen einige Organisationen sogar noch einen Schritt weiter und implementieren Beschwerdestellen und interne Konfliktmanagementsysteme, die es den Organisationen ermöglichen, schwelende Konflikte systematisch zu erkennen und frühzeitig anzugehen, bevor es zu einer unternehmensschädigenden Konflikteskalation kommen kann.

Als ein Bestandteil dieser Konfliktmanagementsysteme hat sich die Wirtschaftsmediation in den vergangenen Jahren als eigene „Spielart" der Mediation in Deutschland entwickelt. Dabei wird sie in unterschiedlichen Kontexten angewendet, nur oft nicht als solches benannt, sondern als „Konfliktmoderation", „Teamcoaching" oder auch „Teamworkshop" von der Personalabteilung oder der Führungskraft in Auftrag gegeben. Was diesen Einsätzen externer oder interner Berater jedoch häufig gemeinsam ist: die Zielsetzung unter Einbeziehung aller Beteiligten zu einer Lösung für vorhandene Konflikte zu gelangen. Dabei soll der Berater unterstützen. Die Ähnlichkeit zur Mediation ist deutlich. Um dieser augenscheinlichen Berührungsangst vor der Begrifflichkeit „Mediation" zu entgegnen, sind in diesem Band wissenschaftlich fundierte, aktuelle Beiträge zur Wirtschaftsmediation mit den Schwerpunktthemen Führungshandeln, Interkulturalität und Diversität zusammengefasst. Dabei geben Praktiker Hinweise zur Nutzung der Mediation in Organisationen.

Die Artikel sind im Rahmen des Zertifikatslehrgangs „WirtschaftsmediatorIn" an der Steinbeis-Hochschule, Akademie für Mediation, Soziales und Recht in Zusammenarbeit mit dem Steinbeis-Beratungszentrum Wirtschaftsmediation entstanden. Als Abschlussarbeit bearbeiten die Absolventen eine wissenschaftliche Fragestellung mit Praxisbezug zu ihrer täglichen Arbeit. Somit wird der für Steinbeis typische Praxistransfer gefördert und in der Mediationsausbildung sichergestellt. Die aus sechs Modulen bestehende Ausbildung schließt mit einem Certificate of Advanced Studies ab und bildet Führungskräfte und Mitarbeiter aus der Wirtschaft für bevorstehende Mediationen und Verhandlungssituationen aus. Steinbeis ist einer der Pioniere auf dem Feld der Mediationsausbildung in Deutschland. Seit den 1990er-Jahren hat Steinbeis mehr als 900 Mediatorinnen und Mediatoren in über 90 Kursen ausgebildet.

Um dem Leser dieses Sammelbandes die Grundlage zum Verständnis der Mediation und ihrer Prinzipien zu vermitteln, sind den spezifischen Artikeln zwei Grundlagenartikel zur Mediation vorgelagert.

Ein besonderer Dank gilt den Autoren der Artikel dieses Sammelbandes, die Ihre bereits angefertigten Abschlussarbeiten nochmals fokussiert haben und somit das Erscheinen dieser Publikation ermöglicht haben.

Tauchen Sie ein, in die facettenreiche Welt der kooperativen Konfliktlösung im Feld der Wirtschaftsmediation!

Leipzig, im Mai 2020
Prof. Dr. Gernot Barth

Inhalt

Was ist Mediation?

Gernot Barth

1 Inkohärenzerfahrung ... 12
2 Mediationsfelder ... 14
3 Mediationsverfahren ... 15
4 Mediator ... 16

Vom Zauber der geordneten Elemente im Mediationssetting

Gernot Barth

1 Die Verstrickung auflösen ... 18
2 Die richtige Sitzordnung ... 20
3 Symmetrie der äußeren Anordnung ... 21
4 Veränderungen im Verfahrensverlauf ... 22
5 Fazit ... 23

Konfliktverhalten aus Sicht des Persönlichkeitskonzeptes der frühkindlichen Selbst-Störung nach Maaz

Bernd Reichelt

1 Einleitung – Problem- und Zielstellung ... 24
2 Das Konzept der Selbst-Störungen nach Maaz ... 25
3 Anwendung auf Konflikt und Mediation ... 30
4 Fazit ... 33
5 Literatur ... 34

Mediation im interkulturellen Kontext – Wie kann eine kultursensible Mediation aussehen?

Katharina Prahst

1 Der Faktor „Kultur“ in der Konfliktbearbeitung 37
2 Mediationskompetenz in interkulturellen Kontexten 42
3 Fazit 43
4 Literatur 44

Der mediationsunterstützte Entscheidungsprozess – Eine Untersuchung zu den Möglichkeiten der Mediation im Zusammenhang mit Entscheidungsprozessen in Unternehmen des westlichen Kulturkreises

Bernd Müller-Allissat

1 Der Faktor Mensch bei Entscheidungen 46
2 Mediation als Entscheidungsunterstützendes Verfahren 49
3 Zusammenfassung und Ausblick 56
4 Literatur 57

Elemente einer Konfliktkultur in Unternehmen mit dem Schwerpunkt der Entwicklung von Konfliktkompetenzen bei Führungskräften

Christin Höpfel

1 Einleitung 58
2 Ausgangslage und konfliktbegünstigende Faktoren 59
3 Präventive Ansätze zur Entwicklung einer Konfliktkultur 61
4 Zusammenfassung und Ausblick 67
5 Literatur 70

Mediation in der Politik

Jürgen Staupe

1 Einleitung ... 72
2 Politikinterne Instrumente der Konfliktbereinigung ... 74
3 Externe Instrumente zur Konfliktbereinigung ... 78
4 Hindernisse und Chancen für Mediation in der Politik ... 80
5 Literatur ... 86

Einsatzmöglichkeiten eines Mediators im Rahmen einer US-amerikanischen Class Action

Mona Majewski

1 Konfliktpotenzial und Möglichkeit einer Mediation ... 89
2 Fazit ... 97
3 Literatur ... 97

Elemente der Mediation im Claim Management für das Projektmanagement im Industrieanlagenbau

Yvonne Effenberger

1 Claim Management im Projektmanagement des Industrieanlagenbaus ... 100
3 Methoden der Mediation im Claim Management ... 103
4 Fazit anhand einer Gegenüberstellung der jeweiligen Prozesse ... 108
5 Literatur ... 110

Spannungsfelder innerbetrieblicher Mediation

Sven Schwerin

1 Innerbetriebliche Mediation im Lichte der Grundprinzipien ... 112
2 Hierarchien und resultierende Abhängigkeiten in Organisationen ... 115
3 Spannungsfelder und Auswirkungen auf das Mediationsverfahren ... 119
4 Vorschläge zur Bewertung und Entscheidungsfindung ... 123
6 Fazit ... 126
7 Literatur ... 127

Mediation von Altersdiversität im Kontext von Change Management in Unternehmen: Konfliktpotenziale erkennen, Ängste minimieren und gemeinsam Zukunft gestalten

Kathrin Hackbarth

1 Einleitung und Zielsetzung 128
2 Change Management in Unternehmen 129
3 Mediations- und Beratungskonzepte unter Berücksichtigung von Altersdiversität 132
4 Zusammenfassung und Ausblick 138
5 Literatur 139

Umgang mit dem „Dazwischen“ in der Kommunikation zwischen Medianden und Mediator – gibt es den widerständigen Klienten?

Katja Restifo

1 Einleitung 140
2 Innere Widerstände / Konflikte 141
3 Stand der Forschung 143
4 Anwendung 146
5 Abschlussdiskussion / Fazit 152
6 Literatur 153

Postinvestigative Mediation

Philipp Schwenkkraus

1 Zwischen Schuld und Unschuld 156
2 Der Beschuldigte 157
3 Der Unschuldige 158
4 Weitere involvierte Personen 160
5 Krieg nach dem Frieden 161
6 Eine Gesamtbetrachtung 163
7 Literatur 164

Kulturelle Besonderheiten der Wirtschaftsmediation in Deutschland und Frankreich – Interkulturelle Herausforderungen an den Mediator

Judith Alison Eichberger

1 Kulturelle Unterschiede zwischen Deutschland und Frankreich ... 167
2 Die deutsch-französischen Kulturdimensionen nach Hofstede ... 168
3 Die deutsch-französische Wirtschaftskultur nach Breuer und de Bartha ... 170
4 Implikation: Wie als Mediator mit deutsch-französischen Unterschieden umgehen? ... 173
5 Ausblick ... 174
6 Literatur ... 175

Die systemische Figurenaufstellung zu Gast in der Mediation. Wie kann diese Methode den Mediationsprozess unterstützen?

Bettina Rudy

1 Einleitung ... 178
2 Die Figurenaufstellung – Brett und Figuren ... 179
3 Einsatzmöglichkeiten in ausgewählten Mediationsphasen ... 182
4 Grenzen der Methode in der Mediation ... 191
5 Schlussbetrachtung ... 192
6 Literatur ... 193

Was ist Mediation?

Gernot Barth

Immer wieder wird in den letzten Jahrzehnten – Tendenz steigend – von Win-Win-Situationen gesprochen. Dabei sind Konfliktlösungen gemeint, bei denen sich beide Seiten als Gewinner fühlen. Etwas weniger euphemistisch ausgedrückt geht es darum, dass die Streitparteien das Gefühl haben, etwas gewonnen zu haben. Was sind das für Ausgänge von Konflikten, bei denen die Parteien meinen, nicht verloren zu haben? Zunächst einmal sei definiert, welches Konfliktverständnis dem zugrunde liegt.

1 Inkohärenzerfahrung

Ein Konflikt beruht auf einer Inkohärenzerfahrung. Es gibt unterschiedliche Wahrnehmungen desselben Sachverhaltes und diese lassen sich nicht in ein gemeinsames Wirklichkeitsbild integrieren. Ansprüche und Forderungen im Handeln, Denken, Wollen oder Fühlen werden durch eine andere Person zurückgewiesen. So fühlt sich zumindest ein Interaktionspartner im Denken, Fühlen, Wollen oder Handeln durch die jeweils andere Seite beeinträchtigt. Eine Konfliktlösung hat dann zum Ziel, dieses „Beeinträchtigt fühlen" aufzuheben. In den vergangenen 30 Jahren hat sich dazu in Deutschland und international das Verfahren der Mediation neben den bestehenden wie Gerichts-, Schieds- oder Schlichtungsverfahren etabliert. Wir können von einer Etablierung sprechen, wenn es auch noch nicht jedem potentiellen Wirtschaftskonfliktpartner bekannt ist. Denn es hat sich einiges in der Streitlandschaft verändert:

Seit einigen Monaten existiert ein Gesetz zur Förderung der Mediation, welches der mediativen Konfliktlösung einen gesetzlichen Rahmen bietet (vgl. Text in diesem Heft). Man findet in diesen Tagen auch des Öfteren die Formulierung vom „neuen Mediationsgesetz" – obwohl es in Deutschland bisher keines gab. Es gibt schon tausende praktizierende Mediatoren, Richtermediatoren an Gerichten, eine Mediationsrichtlinie der Europäischen Union (zur grenzüberschreitenden Mediation in Handelssachen) und viele – insbesondere von der Europäischen Union – geförderte Projekte zur Etablierung außergerichtlicher Streitbeilegungen (siehe z. B. in der nächsten Ausgabe das Schwerpunktthema Konfliktlösung Online). Wir haben es hier meines Erachtens mit der Etablierung einer Konfliktlösungskultur zu tun, die der Tatsache Rechnung trägt, dass wir es in der modernen Gesellschaft zunehmend mit quasiautonomen Subjekten/Systemen zu tun haben, wie z. B. Personen, Gruppen, Unternehmen und Organisationen, die ihren Umgang miteinander fortwährend neu aushandeln müssen. Aufgrund dieser wachsenden Vielzahl von Aushandlungsprozessen kommt es tendenziell zu einer wachsenden Anzahl von Konflikten. Man kann diese – sollten sie eskalieren – durch die Entscheidung Anderer lösen lassen, man kann sie aber auch in ein Verfahren einbringen, in dem die konfligierenden Parteien selbst aktiv und verantwortlich an der Lösungsfindung arbeiten: die Mediation als Vermittlungsverfahren.

Die Mediation, wie wir sie heute kennen, basiert zum einen auf Resultaten der Konfliktforschung in der Moderne und zum anderen auf dem Verhandlungskonzept, wie es an der Harvard-Universität in der Folge der Begleitung der Verhandlungen zwischen Israel und Ägypten im Sinai-Konflikt entwickelt wurde. Das Harvard-Konzept fokussiert die Konfliktparteien auf deren Bedürfnisse und Interessen, auf deren Anliegen im Konfliktlösungsprozess. Dafür stehen vier Grundprinzipien, die ich hier gleichzeitig auf die Mediation auslege:

1. Trennung von Person und Sache: Die Kunst der Verfahrensführung besteht darin, eine Beziehungsstörung zwischen den strittigen Parteien nicht über die inhaltliche Auseinandersetzung dominieren zu lassen. Optional ist diese in schwierigen Fällen separat zu bearbeiten.

2. Im Fokus stehen nicht die Forderungen an die andere Seite, sondern die Herausarbeitung der eigenen Interessen in der Auseinandersetzung.

3. Es wird angestrebt, Lösungsoptionen zu entwickeln, die dem eigenen Anliegen gerecht werden und beiderseitigen Gewinn versprechen bzw. den Verlust minimieren.

4. Es werden Kriterien entwickelt, die eine Bewertung des Verhandlungsergebnisses ermöglichen – inwieweit es den jeweils eigenen Ansprüchen gerecht wird.

2 Mediationsfelder

Seit dem Ende der 1980er Jahre haben sich die Felder der Mediation ausdifferenziert und sind mit einer Spezifik der Konfliktlösung verbunden. Am Anfang stand die Familienmediation, die sich bis heute auch am stärksten etabliert hat. Im Vergleich zu anderen Feldern ist hier die Tiefe der Konflikte und ihre Emotionalität wohl am stärksten ausgeprägt. Einige Felder sind dabei: Generationsauseinandersetzungen, Trennungs- und Scheidungsmediation, Umgangskonflikte mit Kindern oder Paarkonflikte. Mit der Regelung von Auseinandersetzungen in Familienunternehmen gibt es auch eine Schnittstelle zur Wirtschaftsmediation. Regulative beider Systeme greifen hier ineinander. In der Wirtschaftsmediation unterscheidet man

- zum einen Konflikte innerhalb des Unternehmens bzw. der Organisation: zwischen Mitarbeitern, zwischen Mitarbeitern und Führungskräften, zwischen Führungskräften, im Aufsichtsrat, in Teams, zwischen Geschäftsführung und Betriebsrat,
- zum anderen Konflikte zwischen Unternehmen bzw. Organisationen wie z. B. zwischen Zulieferern und Abnehmern, zwischen Unternehmen und Kunden (Versicherungen, Bau, Mietverhältnisse), bei Betriebsübergaben, bei Haftungs- und Gewährleistungsansprüchen, bei Reklamationen von Kunden oder bei Konflikten mit Subunternehmen.

Ein weiteres Feld ist die Mediation im öffentlichen Bereich und der Verwaltung. Beispiele sind Nachtflugverbote an Flughäfen, der Bau von Umgehungsstraßen oder Stromtrassen. Spezifisch ist hier die Einbeziehung einer Vielzahl von Parteien, die Bürgerbeteiligung sowie die Besonderheit der hier zu berücksichtigenden Verwaltungsverfahren.

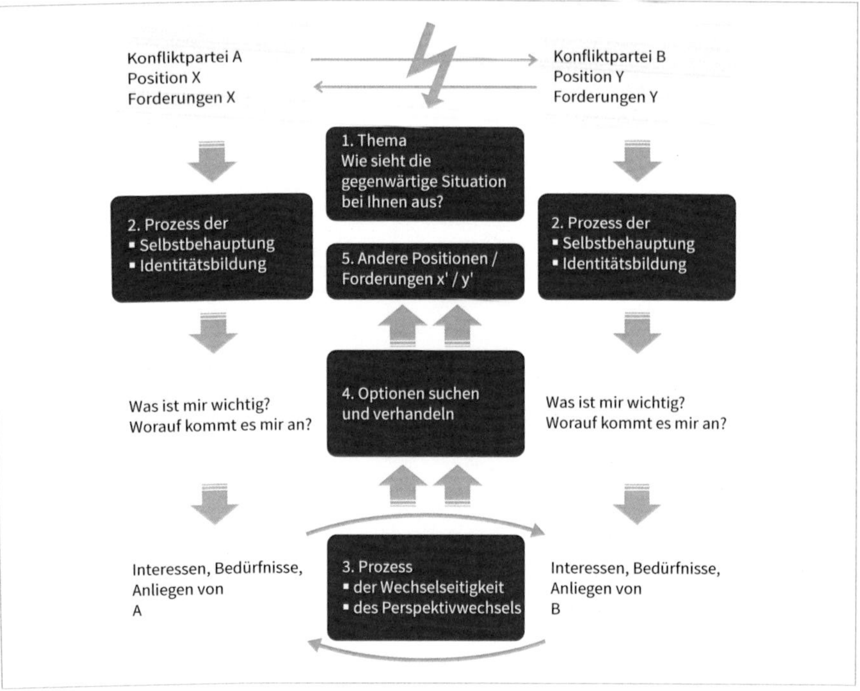

Abbildung 1: Der Mediationsprozess (Quelle: Gernot Barth).

3 Mediationsverfahren

Die Einleitung eines Mediationsverfahrens erscheint dann sinnvoll, wenn die Parteien ihren Konflikt eigenverantwortlich regeln wollen, rechtliche Hinderungsgründe dem nicht im Wege stehen und andere Verfahren keine bessere Lösung versprechen (Nebenbemerkung: Der Gewinn eines Gerichtsverfahrens ist mitunter nicht die beste Lösung, wenn man an weiteren guten Geschäftsbeziehungen interessiert ist. Hat eine Seite das Gefühl, das Recht „ganz auf ihrer Seite zu haben", wird in der Regel dem Gang zur rechtlichen Auseinandersetzung der Vorzug gegeben).

„Alle Menschen sind klug – die einen vorher, die anderen nachher."

Der Mediationsprozess als gestuftes strukturiertes Verfahren beginnt in der Regel in Wirtschaft, öffentlichem Bereich und Verwaltung bei einer Mehrparteienmediation mit einer „Vorlaufphase". In dieser Phase werden nach Informationsgespräch und Auftragsklärung mit dem Auftraggeber Vorgespräche mit den beteiligten Parteien geführt. Diese münden in die „Eingangsphase", in der die Grundlagen für das weitere Verfahren gelegt werden, einschließlich des Abschlusses eines Mediationsvertrages. Prinzipien und Verfahren werden hier allen Parteien erläutert (vgl. hierzu „Mediationsgesetz" in diesem Heft). Anschließend werden die zu verhandelnden Themen zwischen den Parteien abgestimmt und entsprechend ihrer Relevanz priorisiert (Agenda). In der folgenden „Interessenphase" geht es darum, die Parteien zum einen bei der Herausarbeitung ihrer Anliegen zu unterstützen (Selbstbehauptung, Identität) und sie vom eskalierenden Streit miteinander „abzuhalten". Des Weiteren wird ihnen die Möglichkeit gegeben, die Perspektive des anderen wahrnehmen zu können (sie müssen sie nicht akzeptieren!). Diese Interessen und Anliegen bilden die Kriterien, an denen nach einem Prozess der Sammlung von Lösungsoptionen das zu verhandelnde Ergebnis auf Stimmigkeit geprüft wird. Abschließend steht eine Mediationsvereinbarung, die gegebenenfalls auch vollstreckbar sein kann. Sollte der Streitgegenstand dies erfordern, sind die Parteien aufgefordert, das Ergebnis von einem jeweils parteiisch beratenden Rechtsanwalt prüfen zu lassen. In der Regel sollte es zu einem späteren Zeitpunkt eine Evaluationssitzung geben, um die erfolgte Umsetzung der Ergebnisse zu besprechen. Die Lösung eines Konfliktes ist in der Regel genauso schwierig wie die Umsetzung der erzielten Vereinbarung.

4 Mediator

Der von den Parteien ausgewählte Mediator ist in der Verfahrensführung zu Allparteilichkeit und Neutralität verpflichtet. Das heißt, er hat Sorge zu tragen, dass die Parteien ihre Interessen geltend machen können, wobei er selbst neutral zur Sache zu stehen hat (Verbindungen sind offen zu legen).

Per Vertrag ist er, wie auch die Streitparteien, zur Verschwiegenheit und Vertraulichkeit verpflichtet. Dies betrifft alle Informationen zum Sachverhalt, die im Verfahren zur Sprache kommen.

Mit dem Mediationsgesetz erfährt die Mediation einen gewissen Schutz. Während der Terminus „MediatorIn“ ungeschützt bleibt und im strengen Sinn beliebig verwendbar ist, wird mit dem Begriff „Zertifizierter Mediator“ ein qualitativ per Gesetz geschützter Name eingeführt. Diese Verwendung unterliegt klaren Ausbildungsanforderungen. Sie ist mit der Erwartung verbunden, Qualität in der Mediation zu sichern. Dies wäre wieder ein weiteres Diskussionsfeld. Karl Anton nannte den Mediator einst einen „Katalysator“: „Er ermöglicht die Verbindung von Teilen, die ohne dessen Hilfe nicht zueinander finden würden.“

Vom Zauber der geordneten Elemente im Mediationssetting

Gernot Barth

Bei einer Mediation spielen Gefühle eine große Rolle – offen zum Ausdruck gebrachte, wie bei hocheskalierten Konflikten, aber auch tief verborgene. Nicht selten verstellen sie zunächst den Blick auf eigene Interessen. Um einen geordneten Ablauf zu gewährleisten und den Medianden Sicherheit zu vermitteln, obliegt es dem Mediator, das Verfahren gezielt zu steuern. Dazu kann er sich verschiedener Methoden bedienen. Eine davon ist der bewusste Einsatz des Settings.

Mediation ist ein Verfahren, das vor allem durch verbale und nonverbale Methoden gesteuert wird. Aber auch die äußeren Ordnungen beeinflussen die Führung und den Verlauf des Verfahrens. Hierzu gehört das Setting, mithilfe dessen sich der Verfahrensverlauf und die Konfliktbearbeitung gezielt steuern und gestalten lassen. In diesem Sinne könnte man zum Beispiel auch die bewusste Gestaltung des Ambientes, in dem sich die Parteien während der Mediation befinden, zu dieser Methodik hinzuzählen.

1 Die Verstrickung auflösen

Der Mediator ist für die Steuerung des Verfahrens verantwortlich. Seine Aufgabe ist es, die Medianden in eine Lage zu versetzen, die es ihnen erlaubt, sich bezüglich des Konfliktthemas ihrer Identität bewusst zu werden. Dazu bedarf es zunächst der Loslösung von der Fixierung auf die jeweils andere Partei und deren Position. Stattdessen gilt es für die Medianden, sich ihrer eigenen Interessen bewusst zu werden und für sich die Frage zu beantworten: „Was ist mir wichtig?“ Auf dieser Basis wird es dann auch möglich sein, eine von ihnen selbst verantwortete Lösung zu erarbeiten.

Bildhaft lässt sich der Prozess der Identitätsfindung in der Auflösung einer Verstrickung zeigen (Abbildung 1).

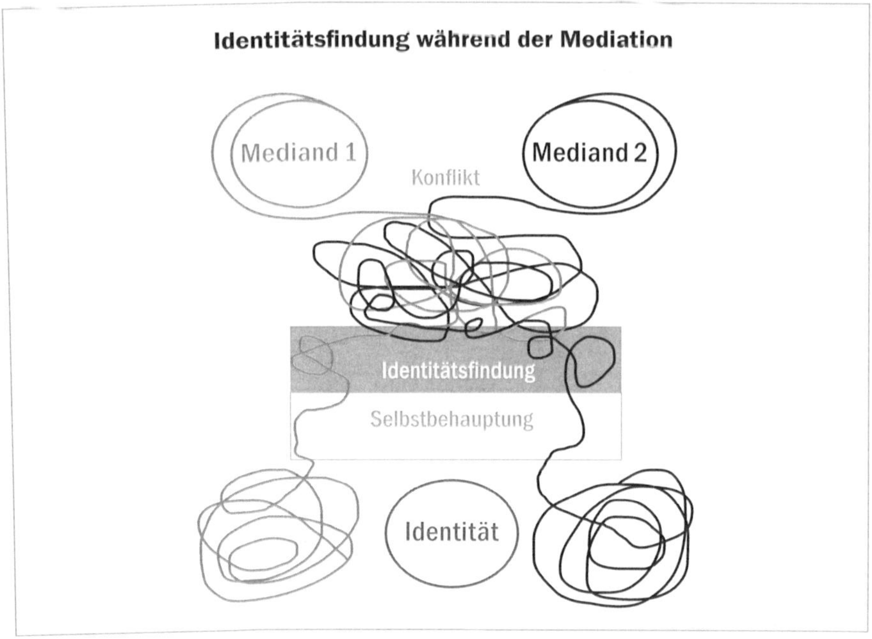

Abbildung 1: Identitätsfindung während der Mediation (Quelle: endless creative / Holm Klix nach Gernot Barth).

Für die Bereitschaft der Medianden, sich zu öffnen und Einsichten zu gewinnen, die für den Einzelnen durchaus schmerzhaft sein können, bedarf es der Sicherheit im Raum der Mediation. Das lokale Setting muss so angelegt sein, dass sich alle Parteien gleichermaßen ernst genommen und fair behandelt fühlen.

Die Umgebung für die Konfliktbearbeitung durch die Parteien bereitet der Mediator vor. Das im Folgenden vorgestellte Setting bezieht sich auf höher eskalierte Konflikte (ab Stufe vier nach Friedrich Glasl). Bei niedrigeren Konflikteskalationsstufen scheint die Auswirkung des Settings auf den Prozess eher von geringerer Bedeutung zu sein. Ab der vierten Stufe jedoch muss den folgenden Prinzipien eine noch höhere Aufmerksamkeit als ohnehin schon geschenkt werden:

- Transparenz (des Mediationsgeschehens)
- Neutralität (des Mediators)
- Allparteilichkeit (des Mediators)
- Eskalationsgrad des Konfliktes (nach Einschätzung des Mediators)

- Symmetrie (der Parteien)
- Visualisierung (der erarbeiteten Themen, Interessen und Anliegen)

2 Die richtige Sitzordnung

Diese Prinzipien sollten stets auch bei der Planung der Anordnung und der kalkulierten Dynamik im Raum bedacht werden. Idealerweise könnte eine Sitzordnung folgendes Bild ergeben:

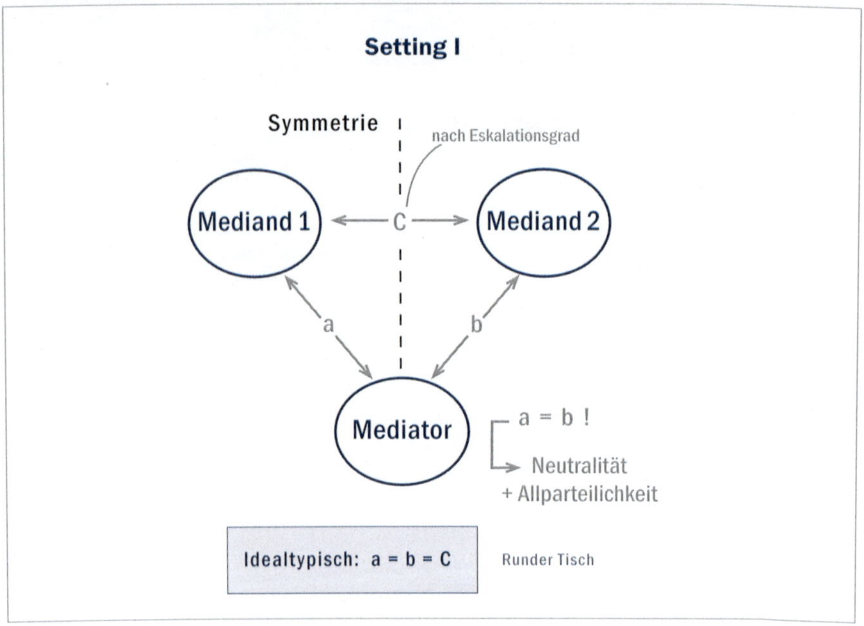

Abbildung 2: Das Setting in der Mediation (Quelle: endless creative / Holm Klix nach Gernot Barth).

Der Abstand zwischen dem Mediator und den Medianden sollte stets gleich sein – unabhängig davon, ob zwei oder zehn Parteien beteiligt sind. Darin drückt sich das Prinzip der Allparteilichkeit/Neutralität aus. Praktischerweise testet man bei der Vorbereitung durch Platznehmen auf den einzelnen Stühlen, ob der gewählte Abstand eine gute Kommunikationsbasis gewährleistet. Ist der Abstand des Mediators zu einem der Medianden zu groß, besteht die Gefahr, dass dieser aus dem Prozess aussteigt oder besonders aggressiv auftritt, um auf sich aufmerksam zu machen.

Für die Distanz zwischen den Medianden ist der Eskalationsgrad des Konfliktes entscheidend. Je höher dieser eingeschätzt wird, umso weiter sollten sie auseinandersitzen. Dies kann im Extremfall durchaus einige Meter betragen. Sollte der vorbereitete Abstand zu klein sein, können die Medianden dies auch körperlich spüren. Die Selbstbehauptung und Identitätsfindung wird dadurch erschwert und es ist für den Einzelnen schwieriger, aus dem Kampfmodus herauszufinden. Sollte der Abstand allerdings zu groß gewählt sein, korrigieren die Parteien dies mitunter selbst und rücken näher zueinander. Eine solche Aktion könnte man als Mediator als ein positives Zeichen verbalisieren. Gegebenenfalls wünschen Medianden zu ihrer „Sicherheit“ je einen rechteckigen Tisch. Gern wird dies damit begründet, dass sie eine Ablage für ihre Akten benötigen.

3 Symmetrie der äußeren Anordnung

Medianden in hocheskalierten Konflikten sind besonders sensibel im Hinblick auf die Allparteilichkeit des Verfahrens, die nicht nur durch gleiche Redeanteile und ausgewogene Blickkontakte, sondern auch durch die Symmetrie der äußeren Anordnung vermittelt werden kann. In der vom Mediator gedachten Mitte (siehe Abbildung 2) sollte der Aufbau jeweils symmetrisch erfolgen. Selbst die Bewegungen des Mediators zum Flipchart können im Extremfall als parteiisch erlebt werden, wie das folgende, selbst erlebte Beispiel zeigt:

„Sie waren auf der Seite meiner Kollegin.“
„Woran machen Sie das fest?“
„Sie sind immer auf ihrer Seite zum Flipchart gegangen.“

Gleiches passiert, wenn der Mediator partiell stehend agiert und sich zum Beispiel als Rechtshänder bequemerweise so positioniert, dass das Chart links von ihm aufgestellt ist. Auch hier kann der oben geschilderte Effekt eintreten, dass die näher sitzende Partei sich gut aufgehoben fühlt, während die andere(n) aus dem Prozess aussteigen.

Idealerweise befindet sich das Flipchart direkt hinter dem Mediator, sodass es von den Parteien als mittig stehend wahrgenommen wird. Daraus ergibt sich auch eine mittige Teilung des Blattes für die Visualisierung der Themen, der Interessen und Anliegen. Man kann auch für jede Partei ein eigenes Chart aufstellen. Wichtig scheint mir, dass jede Partei ihren persönlichen abgegrenzten Raum hat, um im Prozess zu sich selbst und damit zu ihrer Lösung zu finden.

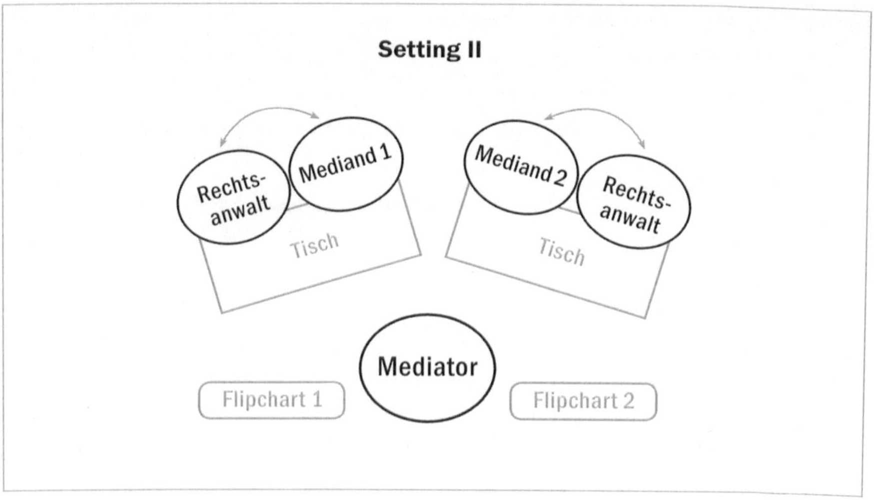

Abbildung 3: Das Setting je nach Schutz- und Sicherheitsbedürfnis der Medianden (Quelle: endless creative/Holm Klix nach Gernot Barth).

4 Veränderungen im Verfahrensverlauf

Im fortschreitenden Verfahren sollte man die Sitzordnung mit zunehmender Deeskalation verändern, die Medianden einander zugewandter platzieren und die Raumelemente näher zueinander aufbauen. Diese Veränderung ist als Ergebnis der harten Arbeit der Medianden zu würdigen. Natürlich kann der Mediator auch den Medianden die Möglichkeit geben, das Setting selbst festzulegen. Auf jeden Fall sollte er sich aber die Zustimmung zur Gestaltung des Settings von den Medianden einholen.

5 Fazit

Die dargestellten Überlegungen mögen dem einen oder anderen etwas kleinteilig erscheinen. Nach meiner Erfahrung spielt das Setting jedoch eine nicht zu unterschätzende Rolle in vielen Verhandlungen. Hier können Zentimeter darüber entscheiden, ob ich eine Haltung als kooperativ wahrnehme oder als distanzierend. Wie Tische und Stühle angeordnet werden, kann den Fortgang des Verfahrens stark beeinflussen. Sie setzen damit als „Gastgeber" und „Herr des Verfahrens" Zeichen. Probieren Sie es aus und füllen Sie den „Zauber der Elementanordnung" mit Leben!

Konfliktverhalten aus Sicht des Persönlichkeitskonzeptes der frühkindlichen Selbst-Störung nach Maaz

Bernd Reichelt

Persönlichkeitseigenschaften prägen das Verhalten von Menschen bei Konfliktentstehung und Konfliktverlauf. Das Konzept der Selbst-Störung nach Maaz ist eine neuere Theorie, die Persönlichkeitsstrukturen aus den Ursachen in der frühkindlichen Entwicklung heraus klassifiziert.
In der Arbeit wird dieses Konzept beschrieben und Ansätze vorgestellt, auf deren Grundlage das Verhalten von Medianden auch bei unterschiedlichen äußeren Rahmenbedingungen stabiler interpretiert werden kann.

1 Einleitung – Problem- und Zielstellung

In der Literatur zu Mediation und Konfliktklärung (u. a. Krainz (2005), Montada (2013)) wird generell davon ausgegangen, dass das Wahrnehmen, Fühlen, Denken und Handeln eines Menschen durch die Persönlichkeit geprägt ist und den Verlauf von Konflikten und von Konfliktklärungen beeinflusst. In welchem Maße ist nicht einheitlich dargestellt.

Ausgehend von der These, dass eine bessere Einschätzung des Einflusses der Persönlichkeit auf Konflikt und Konfliktklärung den Prozess der Mediation stabiler gestalten kann und die Ergebnisse nachhaltiger sein können, soll in dieser Arbeit das 2017 veröffentlichte Konzept der frühkindlichen Selbst-Störung nach Maaz als Persönlichkeitsmodell verwendet werden. Dieses Konzept ist eine empirische Klassifizierung, die Persönlichkeitsstrukturen verhaltensbeschreibend aus den Ursachen der frühkindlichen Entwicklung heraus ableitet.

2 Das Konzept der Selbst-Störungen nach Maaz

„Ich bin nämlich eigentlich ganz anders, aber ich komme nur so selten dazu." (v. Horváth 1978: 67)

„Wir wissen fast alle, dass und wie wir falsch leben: Unsere Ernährung, wie wir uns bewegen, uns Stress aussetzen. Aber trotz aller Vernunft sind wir nicht bereit etwas zu verändern, bis wir endlich krank werden. Krankheit ist immer auch Krise des Selbst mit der Möglichkeit zu Erkenntnis." (Maaz 2017b)

Diese Zitate zeigen, dass es ein Leben gibt, dass wir leben und eines, wie wir sein sollten und dass wir diesen Widerspruch spüren. Warum eine solche Diskrepanz, ein solcher innerer Widerspruch besteht und was man dagegen tun könnte, wurde in vielen Theorien diskutiert. Maaz greift die Problematik aus psychotherapeutischer Sicht auf und nennt frühkindliche Störungen als Ursache dafür, dass wir uns in einem ‚falschen' und nicht im ‚eigentlichen, wahren' Leben befinden.

Maaz unterscheidet dabei das ‚Selbst' und das ‚Ich'. Das Selbst ist das angeborenes Potenzial eines Menschen, das sich entfalten will und hauptsächlich durch soziale Einflüsse in seiner Entfaltung gefördert oder behindert wird. Das so entstandene ‚reale' Selbst weicht dann mehr oder weniger vom potentiellen Selbst ab. Das Ich ist die seelische Funktion, die versucht, Störungen des Selbst auszugleichen bzw. zu kompensieren, d. h. zwischen der angeborenen Struktur des Selbst und den Möglichkeiten, Begrenzungen und Anforderungen der Realität zu vermitteln (Maaz 2017a: 19).

Die dazugehörige Theorie der frühkindlichen Selbst-Störung (Störung des Selbst) veröffentlichte Maaz erstmalig im Zusammenhang 2017 in seinem Buch ‚Das falsche Leben (Maaz 2017a), nachdem er in den davorliegenden Jahren einige vorbereitende Veröffentlichungen mit Teilerkenntnissen vorlegte z. B. in ‚Die narzisstische Gesellschaft' (Maaz 2014).

Eine wesentliche Grundlage der Maaz'schen Theorie ist der Grundsatz der Bindungstheorie, dass wesentliche Persönlichkeitseigenschaften in den ersten drei Lebensjahren durch Beziehungen geprägt werden und im späteren Leben nur begrenzt veränderbar sind. Die Qualität der ersten Beziehungsangebote entscheidet über die Persönlichkeitsentwicklung.

Bindung bedeutet nach Maaz Aufbau einer Subjekt-Subjekt-Beziehung zwischen Kind und Mutter bzw. später Kind und Vater, d. h. sowohl das Kind als auch die Eltern machen Beziehungsangebote, auf die wechselseitig eingegangen wird, oder auch nicht. Das Kind wird im besten Fall als Subjekt durch die Eltern ernstgenommen und gestaltet die Beziehung mit, indem es auch die Eltern beeinflusst.

Das Kind nimmt die entstandene Beziehung – anfangs präverbal und nicht hinterfragt – als gegeben und richtig auf, unabhängig, wie sich diese entwickelt hat. Das bedeutet auch, dass das Kind bei nicht gelingenden Beziehungen die Ursache zuerst bei sich suchen wird, da es nicht wissen kann, welches Verhalten der Eltern richtig sein müsste. Zudem kann es sich der Situation bei negativen Beziehungsentwicklungen nicht bzw. nur körperlich entziehen und ist dem Verhalten der Eltern sozusagen ‚ohnmächtig' ausgeliefert. Maaz beschreibt in seinem Konzept typische Reaktionen des Kindes auf typisches negatives (und positives) Elternverhalten. Diese Reaktionen prägen später das grundsätzliche im frühkindlichen Kontext erfolgreiche Verhalten, das im späteren Leben unbewusst übernommen wird und, wie bereits erwähnt, nur schwer veränderbar ist. Die Dominanz der ersten Beziehungserfahrungen bleibt ein Leben lang erhalten.

2.1 Mütterliche und väterliche Beziehungsangebote

Die Eltern bzw. die ersten Beziehungspersonen bestimmen hauptsächlich darüber, wie sehr sich das Kind entfalten kann bzw. wie sehr es in seiner Entwicklung behindert wird. Sie sind vergleichbar mit Gärtnern, die Wachstumsbedingungen für ihre Pflanzen schaffen.

Mütterliches und Väterliches sind unterschiedliche Beziehungsformen, die für die kindliche Entwicklung notwendig und nicht austauschbar sind. Beide Rollen sind nicht in einer Person vereinbar. Ein Mann kann mütterliche und eine Frau väterliche Aufgaben übernehmen (Maaz 2017a: 21).

Gute Mütterlichkeit bedeutet, dass sich das Kind ohne Bedingungen willkommen fühlt. Es geht um

- das Bestätigen und die Befriedigung der Bedürfnisse des Kindes wie Versorgen, Beschützen und Trösten,
- das einfühlende Wahrnehmen und Annehmen,
- aber auch die Begrenzung durch Realitätsbezug (Maaz 2017a: 22).

Das Väterliche bietet auf Grundlage mütterlicher Beziehungserfahrungen neue Erlebnisinhalte und damit erweiterte Selbstentfaltungschancen. Bei guter Väterlichkeit wird das Kind seine Potenziale entwickeln können, Verständnis für seine Schwierigkeiten und Grenzen sowie Begleitung ‚in die Welt' erfahren. U. a. sind das folgende Aufgaben:

- Begabungen und Talente erkennen und diese ohne Überforderung fördern,
- helfen, im sozialen Verbund Anerkennung zu erlangen,
- Leistung unterstützen, Stolz ermöglichen, aber auch Leistungsgrenzen bestätigen,
- im geschützten Raum Experimentieren und Riskieren ermöglichen,
- befähigen, sich mit Verantwortung und Pflicht auseinandersetzen (Maaz 2017a: 23).

2.2 Strukturellen Persönlichkeitsstörungen

Persönlichkeitsstörungen entstehen durch defizitäre Beziehungsangebote, die für das Kind verletzend, herabwürdigend, ablehnend oder nicht einfühlend sind. Übliche Methoden sind Konditionierung durch Zwang, durch Androhung von Abwertung, von Liebesentzug, von Verlassen werden oder auch durch Zuwendungen wie Lob.

Das Kind hat also ein bestimmtes in diesem Kontext erfolgreiches Denken und Handeln erlernen müssen und konnte wichtige Selbst-Anteile nicht entwickeln (Maaz 2017a: 49). Die in dieser Zeit erlernten Verhaltensmuster verfestigen sich und werden häufig bis ins Erwachsenenalter beibehalten, obwohl sich der Lebenskontext umfassend verändert.

Abbildung 1 zeigt die von Maaz aufgestellten acht Typen spezifischer Mütterlichkeits- und Väterlichkeits-Störungen, die zu spezifischem Verhalten führen. Je nach Art des gestörten Selbst wird die dazu führende Haltung der Mutter bzw. des Vaters und die erlernte innere Einstellung des Kindes aufgeführt.

Art des gestörten Selbst	Haltung der Mutter / des Vaters	Erlernte Grundhaltung / innere Einstellung des Kindes
Mutter-bedrohung Bedrohtes Selbst	Mutter will das Kind nicht haben. „Sei nicht, lebe nicht!“	„Ich sollte lieber nicht sein, bin nicht berechtigt.“ **Gefühl der Bedrohung, Angst vor Ablehnung.** **Braucht Zugehörigkeit und Anerkennung.**
Mutterbesetzung Gequältes Selbst	Mutter saugt die Lebendigkeit des Kindes aus. „Lebe für mich! Du gibst mir Bedeutung!“	„Ich muss mich schützen und zeige mich nicht. Ich muss meine Gefühle zurückhalten.“ **Angst vor Vereinnahmung.** **Braucht freien Gefühlsausdruck.**
Muttermangel Ungeliebtes Selbst	Mutter ist nicht zur Liebe fähig. Folgt anderen Werten. „Du verlangst zu viel!“	„Ich bin nicht liebenswert genug. Ich muss beweisen, dass ich etwas wert bin.“ **Angst, nicht liebenswert zu sein, nicht dazuzugehören.** **Braucht bedingungslose Anerkennung.**
Muttervergiftung Abhängiges Selbst	Mutter verlangt Gefolg-schaft. „Ich habe dich gern, wenn du tust, was ich will!“	„Ich muss erkennen, was von mir erwartet wird. Ich passe mich an. Ich muss für andere leben.“ **Angst, Erwartungen anderer nicht zu erfüllen. Braucht Selbstbehauptung und Bestätigung der eigenen Person.**
Vaterterror Gehemmtes Selbst	Vater will das Kind nicht, schüchtert es ein, wertet es ab. „Du störst, du bist zu viel!“	„Ich bin schuld, bin schlecht. Ich muss vorsichtig sein und warte ab.“ **Angst vor dem Sich-öffnen. Braucht Selbstsicherheit, Gefühl der Freiheit in der Entfaltung.**

>>

Vatererpressung Genötigtes Selbst	„Sei so, wie ich dich haben will, sei mein Stolz!"	„Ich darf meine Potenziale nicht entwickeln und muss Erwartungen anderer erfüllen." **Angst, Anforderungen anderer nicht zu erfüllen.** **Braucht Freiheit der eigenen Entwicklung.**
Vaterflucht Vernachlässigtes Selbst	Vater entzieht sich der väterlichen Verantwortung. „Du interessierst mich nicht!"	„Ich habe zu nichts Lust. Es ist alles sinnlos. Bloß keine Anstrengungen, Verantwortung oder Verpflichtungen." **Angst vor Überforderung, Verantwortung.** **Braucht Ermutigung und Förderung.**
Vatermissbrauch Unbegrenztes Selbst	Treibt zu besonderen Leistungen an und überfordert. „Du musst der Beste sein! Es gibt keine Grenzen!"	„Ich muss mich über meine Möglichkeiten hinaus anstrengen? Ich darf nicht schwach werden, stehe immer im Wettbewerb." **Angst vor Schwäche und Begrenzung.** **Braucht Erfahrung und Akzeptanz der Begrenzung sowie Erfahrung von Partnerschaft.**

Abbildung 1: Übersicht über die Persönlichkeitsstörungen (Quelle: Eigene Darstellung nach Maaz 2017a und Maaz 2017b).

2.3 Schutzmechanismen des falschen Selbst

Menschen neigen dazu, in der anerzogenen Störung zu bleiben, diese Selbststörungen müssen ständig reguliert und kompensiert werden.

Das aufgebaute defizitäre (Sekundär-)Leben wird zu einer Wirklichkeitskonstruktion, in der Glück und Zufriedenheit nur durch Ersatz und Kompensation im Rahmen der falschen Werte möglich sind. Damit man die Entfremdung des Selbst nicht mehr spüren muss, werden psychische Rettungsmechanismen entwickelt. Diese Schutzmechanismen wie z. B. Abspaltung, Ablenkung, Betäubung oder soziales Ausagieren schafft mit viel Lebensenergie nur kurzzeitige Erleichterung und Entlastung (Maaz 2017a: 50).

2.4 Innerseelischer Stress

Das falsche Selbst führt ein Ersatzleben, aber das wahre Selbst meldet sich durch Unzufriedenheit, innere Spannung, Gereiztheit, psychosomatische Beschwerden, durch tiefe Gefühle wie Kränkung, Ärger oder Enttäuschung. Diese innerlich erlebten Bedrohungen, Demütigungen und Ängste lösen Stress aus, ebenso wie äußere Anforderungen, die von den inneren Wünschen oder Möglichkeiten abweichen.

Durch Stress werden Energien freigesetzt, um den Stressoren auszuweichen. Durch Selbstbehinderung, die Unmöglichkeit von Kampf, Flucht oder des emotionalen Ausdruckes fühlt man sich der Situation ohnmächtig ausgeliefert. Stressenergie kann nicht mehr angemessen abfließen oder verarbeitet werden und kann nach längerer Zeit zu Krankheit (Gewalt gegen sich selbst) oder zu sozialer Gewalt (aggressives Verhalten gegen Andere) führen. Die individuelle Belastungsgrenze ist unterschiedlich und abhängig von der Persönlichkeitsstruktur, von der spezifischen Situation und den erworbenen sozialen Hilfs- und Ausweichmöglichkeiten (Maaz 2017a: 65 ff.).

3 Anwendung auf Konflikt und Mediation

In der Mediation wird den Streitparteien ermöglicht, sich über ihre eigenen Interessen im Klaren zu werden und sich dann in die Situation der anderen Streitpartei hineinzuversetzen.

Gemäß dem Grundsatz von Frankl, dass Verhaltensfreiheit zwischen Impuls und Handlung liegt, reagiert der eskalierte Menschen ‚unfrei', da er durch Wahrnehmungseinschränkungen usw. wenig oder keinen Handlungsspielraum erkennen kann. Aber auch die (noch) nicht eskalierte selbst-gestörte Persönlichkeit lässt, wie oben beschrieben, nur in geringerem Maße und begrenzt Verhaltensreaktionen zu, schöpft sozusagen ebenfalls aus einem begrenzten Verhaltensrepertoire.

Unter Berücksichtigung der Maaz'schen Theorie könnte man diese tiefer liegenden unbewussten basalen Bedürfnisse wie bei einer Zwiebel in einer tieferen Schicht, einer Art Persönlichkeitskern verorten, die von den an der Oberfläche liegenden vorbewussten und bewussten Bedürfnissen verdeckt werden. Vom

Grundsatz her muss die ‚Schutzhülle' geöffnet und die unbefriedigten Grundbedürfnisse aufgedeckt werden, um die Wahrnehmung, das Denken und das Vorstellungsvermögen des Mediaanden verändern zu können.

Im Folgenden sollen einige Aspekte aufgezeigt werden, die unter Berücksichtigung der o. g. Zusammenhänge für die Mediation von Bedeutung sein können.

Für Mediation ungeeignete Persönlichkeitsstruktur

Es gibt Menschen, deren Persönlichkeitsstruktur für eine Mediation ungeeignet ist, z. B. wenn sie nicht zuhören, sich nicht mit den Interessen anderer beschäftigen können, in einer Wettbewerbs-Haltung verharren usw. Explizit wird die narzisstische Persönlichkeit genannt, die sozial sehr auffällig handelt und sehr gut gegen Interventionen fast jeder Art abgepanzert ist.

Aus Sicht des Autors ist bei dieser Klientel Mediation möglich, sie benötigt mehr Zeit, die besondere Aufmerksamkeit des Mediators sowie seine beratenden Fähigkeiten, um die tiefer liegenden Bedürfnisse, die Grundlage des mediationsschädlichen Verhaltens sind, durch Interventionen zu erreichen. Wenn Personen z. B. Kooperationsbereitschaft als Schwäche auslegen und damit Lösungen verhindern, wäre mit dem Erkennen und Bearbeiten der dahinterliegenden unbewussten frühkindlichen Störungen z. B. beim überforderten oder ungeliebten Selbst ein Verhaltenswechsel denkbar.

Intrapersoneller Konflikt

Die inneren Konflikte zwischen ‚falschem' und ‚echtem' Selbst erzeugen inneren Stress. Energie wird aufgestaut und kommt bei bestimmten Impulsen, Interventionen bzw. Situationen zum Ausbruch, tritt nach außen und kann zu sozialen Konflikten führen. Wenn eine Person z. B. auf die sozialen Erwartungen des Umfeldes trifft, muss sie innerlich mit dem eigenen desorientierten Fühlen und Wollen vermitteln, was zu verstärkten inneren Konflikten und daraus resultierend zu kaum erklärbarem konfliktären Verhalten führen kann.

Besseres Verständnis des Verhaltens eines Medianden

Das Verständnis des Verhaltens eines Menschen ist möglich durch das Erkennen der subjektiven Wahrnehmungen und Sichtweisen der Betroffenen und das Verstehen des Rahmens, des Systems, in dem das Verhalten stattfindet. Durch den ständigen seelischen Stress werden u. a. Ersatzgefühle (Ersatzempörung, Ersatztrauer oder Begeisterung für etwas Unwichtiges) für unbewusst existierende echte Bedürfnisse und Gefühle gebraucht. Dabei gibt es verschiedene Hinweise auf Selbst-Störungen, die der Mediator erkennen und bewerten kann, wie die betonte Außenorientierung nach Geld, Besitz, Macht oder Ruhm, schnelle Selbstaufgabe bzw. geringe Selbstbehauptung, Gefühlsblockaden, Rationalisierungen oder Aufbau eines sozialen Schutzwalls.

Ansprechen der unbewussten inneren Bedürfnisse

Im Mediationsprozess werden anders als in den meisten sozialen Kontexten Emotionen explizit zugelassen. Das bedeutet, dass im geschützten Raum entsprechende Interventionen gesetzt werden können. Dadurch ist es möglich, die erkannten frühen Bedrohungen und Kränkungen leichter emotional z. B. als Wut, Hass, seelischen Schmerz und Trauer zum Ausdruck zu bringen. Durch diese Erkenntnis der unbewussten inneren Emotionen und Konflikte kann der Mediand sich selbst besser verstehen und erkennen. Er kann die Entwicklungsbedingungen und das So-Geworden-Sein sowie die gesellschaftlichen und ökonomischen Zwänge, denen er ausgeliefert war und ist, besser nachvollziehen.

Wenn die unbewussten tieferen Bedürfnisse den Mediationsprozess blockieren, wäre es anzuraten, durch entsprechende Impulse die Selbsterfahrung und Selbsterkenntnis und die dann entstehenden Gefühlsvorgänge durch kompetente Begleitung zu fördern. Diese Arbeit beansprucht Raum, Zeit und Schutz. Im üblichen Mediationsprozess kann dies kaum erreicht werden. Dazu sollten eigene Methoden genutzt und entwickelt werden. Der Autor sieht hier z. B. in der provokativen Therapie (Farrelly 1986), (Höfner 2018) mögliche Ansätze.

Gerechtigkeitsempfindung

Eine in der Mediationsliteratur (insbesondere Montada 2013), (Duss-von Werdt 2005) wichtige Größe ist das Gerechtigkeitsempfinden, d. h. das Grundbedürfnis gerecht behandelt zu werden. Empörung ist die emotionale Reaktion auf empfundenes Unrecht.

Ein Gefühl der Ungerechtigkeit wird eine Lösungsfindung erschweren oder verhindern. Die Gerechtigkeitskonzepte der Mediandern, die tief in der Persönlichkeitsstruktur verankert sind, stimmen selten überein. Das falsche Selbst beeinflusst das Gerechtigkeitsempfinden durch Projektion (der andere ist Schuld), Abspaltung (das betrifft mich nicht), Verleugnung (angepasste Erinnerung) aber auch Überkompensation in beiden Richtungen – Schuldabwehr und Schuldaufladen – u. a.

Das Erkennen dieser Schutzmaßnahmen und der Umgang damit dürften ein in Bezug auf das individuelle Empfinden von Gerechtigkeit wesentliches Element erfolgreicher Mediation sein. Auch dieses Herangehen benötigt Zeit, damit bei den Medianden eine Umorientierung möglich wird.

4 Fazit

Das beschriebene Konzept der Selbst-Störung nach Maaz ist eine auf Basis der Bindungstheorie empirische Klassifizierung, die Persönlichkeitsstrukturen weniger verhaltensbeschreibend, sondern mehr aus den Ursachen in der frühkindlichen Entwicklung heraus sieht.

Der Ansatz hilft, das Verhalten einer Person auch bei unterschiedlichen äußeren Rahmenbedingungen stabiler zu interpretieren und darauf zu reagieren. Die einzelnen Selbst-Störungen fördern bzw. begrenzen bestimmtes Konfliktverhalten. Für Mediatoren ist es mit dieser Theorie möglich, ein besseres Bild der tiefer liegenden d. h. für die Person unbewussten Bedürfnisse zu erhalten und damit die subjektive Wahrnehmung, die bewussten Bedürfnisse und das Wollen der Betroffenen zutreffender zu beurteilen.

Die in dieser Arbeit beschrieben Anwendungen der Maaz'schen Theorie auf Konflikt und Mediation sind erste Ansätze, die in weiteren Untersuchungen vertieft erforscht und strukturiert werden sollten.

5 Literatur

Duss-von Werdt, Joseph (2005): homo mediator. Stuttgart: Klett-Cotta.

Farrelly, Frank und Brandsma, Jeff (1986): Provokative Therapie. Heidelberg: Springer.

Höfner, E. Noni und Cordes, Charlotte (2018): Einführung in den Provokativen Ansatz. Heidelberg: Auer.

Krainz, Ewald E. (2005): Die Morphologie der sozialen Welt. Ihre Bedeutung für die Entstehung und Bearbeitung von Konflikten. In: Falk, Gerhard; Heintel, Peter; Krainz, Ewald E. (Hrsg.): Handbuch Mediation und Konfliktmanagement. Wiesbaden: Springer Fachmedien.

Maaz, Hans-Joachim (2014): Die narzisstische Gesellschaft: ein Psychogramm. München: Dt. Taschenbuch-Verlag.

Maaz, Hans-Joachim (2017a): Das falsche Leben: Ursachen und Folgen unserer normopathischen Gesellschaft. München: C. H. Beck.

Maaz, Hans-Joachim (2017b): Vortrag Leipzig, 2.5.2017: Das falsche Leben – Ursachen und Folgen unserer normopathischen Gesellschaft. Online abrufbar unter https://www.youtube.com/watch?v=a3j-5CgUgTM (abgerufen am 12.10.2019).

Montada, Leo und Kals, Elisabeth (2013): Mediation – Psychologische Grundlagen und Perspektiven 3. Weinheim: Beltz.

von Horvath, Ödön (1978): Zur schönen Aussicht. In: Horváth, Gesammelte Werke. Berlin: Suhrkamp, S.67.

Prof. Dr.-Ing. Bernd Reichelt, Jahrgang 1957, lehrt Bauprojektmanagement an der Hochschule für Technik, Wirtschaft und Kultur Leipzig. Vor seiner Berufung studierte er Bauingenieurwesen, war während der Wende in Ostdeutschland 1989/90 politisch tätig, danach geschäftsführender Gesellschafter eines Ingenieurbüros und Dozent an verschiedenen akademischen Einrichtungen. 2019 hat er seine Ausbildung zum Mediator bei Steinbeis beendet und arbeitet seitdem in diesem Berufszweig.

Mediation im interkulturellen Kontext – Wie kann eine kultursensible Mediation aussehen?

Katharina Prahst

Mediation findet immer öfter in interkulturell codierten Praxisfeldern statt (Fechler 2008: 172). Auf der Suche nach dem Besonderen der interkulturellen Mediation, versuchen viele MediatorInnen sich mit der Aneignung von interkultureller Kompetenz auf die Situationen vorzubereiten. Doch gerade im Mainstream sind die Angebote zum Erwerb kultureller Kompetenz durch ein einseitiges Kulturverständnis geprägt (Dahinden 2005: 101 ff.). Wo darin Probleme und Risiken liegen und vor allem, wie dementsprechend eine angemessene Bezugnahme auf das Thema Kultur aussehen kann, soll im folgenden Beitrag aufgezeigt werden.

Häufig werden Konflikte, die im Umfeld von Migration auftauchen, vorschnell mit Kultur erklärt (Dahinden 2005: 101–114). Doch nicht alle Konflikte, die scheinbar „kulturell bedingt" sind, erweisen sich als tatsächliche interkulturelle Konflikte (Fechler 2008: 179–191). Oftmals ist der Faktor „Kultur" nicht ursächlich für den Konflikt, sondern wird erst später als Deutungsmuster herangezogen (Wüstehube 2002: 219). Viele Angebote zum Erwerb kultureller Kompetenz forcieren diese kulturalisierende Bezugnahme auf interkulturelle Konflikte. Vor allem haben reduktionistische Kulturtheorien wie die von Hofstede (vgl. Hofstede und Minkov 2010) dort Eingang gefunden. Dessen Systematisierung von kultureller Pluralität verleitet zur Annahme, dass die Kultur einer bestimmten Gruppe von Menschen „gelernt" werden kann (Kalpaka 2008: 387–399). Kultur ist jedoch dynamisch und „es bleiben immer auch Spielräume, dasselbe anders zu machen" (Hörning und Reuter 2004: 11). Jede Kultur hat ein bestimmtes Repertoire von Bedeutungsmustern, das dem Menschen Orientierung bietet und ihn beeinflusst, aber auch umgekehrt vom Menschen verändert werden kann (Leiprecht 2008: 129–146). Dieser produktive Umgang mit Kultur wird als „doing culture" bezeichnet (Hörning und Reuter 2004: 10). Innerhalb einer Gesellschaft lassen sich nun verschiedene Praktiken beobachten. Demnach kann Kultur nicht mit Nationalkultur gleichgesetzt oder als in sich homogen definiert werden. Weiterhin können Menschen situationsbedingt unterschiedliche kulturelle Elemente nutzen oder sich gleichzeitig mehreren kulturellen Gruppen zugehörig fühlen (Leiprecht 2008: 144). Um in einer Mediation an die eigentlichen Bedürfnisse und Interessen der Parteien heranzukommen, ist es äußerst wichtig, Kultur als soziale Praxis zu begreifen (Fechler 2008: 179–191) und einzelne Menschen nicht als „Marionetten, die an den Fäden ihrer Kultur hängen" (Leiprecht 2008, 137) wahrzunehmen.

1 Der Faktor „Kultur" in der Konfliktbearbeitung

Ein Dissens sollte nur dann als „interkulturell" bezeichnet werden, wenn Kultur Teil der Konfliktsubstanz ist, Einfluss auf die Art der Austragung oder Eskalation hat oder wenn Kultur Auswirkungen auf die Bearbeitung und Bearbeitbarkeit des Konfliktes hat (Wüstehube 2002: 2). Wüstehube (2002: 1–10) unterscheidet sechs Erscheinungsformen von Kultur in der Mediation, die im Folgenden vorgestellt werden. Weiterhin wird dargelegt, wie MediatorInnen in den spezifischen Situationen angemessen und kultursensibel agieren können.

Kultur als Kommunikationsbarriere

Kultur und Kommunikation stehen in einem wechselseitigen Verhältnis zueinander, denn wie kommuniziert wird, hängt vom kulturellen Kontext der Individuen ab und gleichzeitig wird Kultur durch Kommunikation reproduziert und verändert (Gunawardena und LaPointe 2008: 51–69). Darüber hinaus ist Sprache, als ein Kommunikationsinstrument, ein wichtiger Teil der kulturellen Identifikation (Gunawardena et al. 2003: 753–775). Treffen nun Individuen mit unterschiedlichen kulturellen Hintergründen und mit unterschiedlichen Denkmustern aufeinander, kann es zu Missverständnissen kommen, denn was für den Einen eine sinnvolle Argumentation ist, kann von dem Anderen nicht unbedingt nachvollzogen werden (Gunawardena et al. 2003: 753–775). Verbale Verständigungsprobleme in der Mediation können auch in unterschiedlichen Nationalsprachen begründet liegen, das heißt wenn die gemeinsamen Sprachkenntnisse unzureichend sind. Zudem kann es zu Missverständnissen aufgrund unterschiedlicher nonverbaler Kommunikation kommen (Wüstehube 2002: 3; Dahinden 2005: 106–114). Wüstehube (2002: 3) empfiehlt als MediatorIn besonders sensibel und offen zuzuhören sowie zu beobachten. Weiterhin führt sie das „Dolmetschen zwischen den Kulturen“ (Wüstehube 2002: 3) an. Damit ist nicht nur die Übersetzung der Inhalte, sondern auch die der Untertöne und Konnotationen sowie der Körpersprache mittels Paraphrasierens gemeint. Auch der Einbezug von DolmetscherInnen kann notwendig sein, wenn nicht ausreichend über dieselben Sprachkenntnisse verfügt wird oder wenn die Sprache der anderen Konfliktparteien nicht verstanden werden will (Wüstehube 2002: 3).

Kulturalisierung als Austragungsort der Konfliktbearbeitung

Kulturalisierung im Kontext der Konfliktbearbeitung tritt dann auf, wenn die Konfliktparteien oder MediatorInnen die unterschiedlichen kulturellen Hintergründe der Beteiligten für den Konflikt verantwortlichen machen und Kultur somit ins Zentrum der Mediation rückt, obwohl der Konflikt nicht kulturell bedingt ist (Wüstehube 2002: 3–4). In dem Fall dienen den Parteien kollektive Wertesysteme und Orientierungsmuster dazu, die eigene Position zu untermauern. Kulturalisierung wird hier (un-)bewusst als Strategie eingesetzt und störende Verhaltensweisen werden mit kulturellen Zugehörigkeiten in Verbindung gebracht. Dies trägt wiederum zur weiteren Eskalation des Konfliktes bei (Fechler 2008: 179–191; Wüstehube 2002: 3–4).

MediatorInnen müssen in solchen Situationen darauf achten, nicht unbewusst zur Eskalation beizutragen und zu polarisieren, indem sie ebenfalls Kultur als „Arena der Konfliktbearbeitung“ (Wüstehube 2002: 3) anbieten. Im Gegenteil: In der Mediation müssen Abwertungen, Zuschreibungen und Verallgemeinerungen als solche aufgedeckt werden, sodass die konkreten Konfliktpunkte zum Vorschein kommen können. MediatorInnen können sich hierbei verschiedener Interventionen bedienen. Zum einen sollten die Parteien dazu angehalten werden, so lange zu konkretisieren, bis die konfliktrelevanten Punkte eruiert sind. Es ist wichtig, dass MediatorInnen dabei beharrlich und respektvoll vorgehen, sodass Missfallen, Verletzungen und Ärgerpunkte geäußert werden können. Zum anderen kann es sinnvoll sein, auf die Metaebene zu wechseln, um sichtbar zu machen, dass die kulturelle Zugehörigkeit der Parteien instrumentalisiert wird und nicht die eigentliche Konfliktsubstanz ist. Ferner sollten mit dem Ziel der Perspektiverweiterung zwischen Problemen und Personen(gruppen) unterschieden werden (Wüstehube 2002: 3–4).

Kultur als Thema des Konflikts

Nach Moore (vgl. Moore 2014) sind fünf mögliche Konfliktursachen zu unterscheiden: Sachverhaltskonflikt, Interessenkonflikt, Strukturkonflikt, Wertkonflikt und Beziehungskonflikt. Kulturell bedingte Konflikte sind in das Segment der Wertkonflikte einzuordnen (Busch 2007: 168). Konfliktsubstanz sind hier unvereinbare Werte- und Orientierungsmuster – es kommt zu einem Durchsetzungskampf und für alle Parteien als fair empfundene Lösungen scheinen außerhalb des Möglichen zu sein (Wüstehube 2002: 5). In der Mediation kann es eine Strategie sein, den Konfliktgegenstand zu relativieren und eine Verständigung zwischen den Konfliktparteien in anderen Segmenten zu suchen oder Gemeinsamkeiten im Wertesegment zu identifizieren (Busch 2007: 168; Wüstehube 2002: 5). Werden Gemeinsamkeiten innerhalb des Wertesegments gefunden, fällt es den Parteien häufig leichter ihre gegensätzlichen Werte zu respektieren (Wüstehube 2002: 5). Mit der Identifizierung von Gemeinsamkeiten und der Schaffung der gegenseitigen Anerkennung der jeweiligen Werte, kann mit der Arbeit an konkreten Alternativen begonnen werden (Wüstehube 2002: 5).

Kulturalisierung als Ausdruck des Wunsches nach Anerkennung

Ein weiterer Grund dafür, dass MediatorInnen sich in interkulturellen Kontexten nicht vorrangig mit kulturellen Differenzen beschäftigen sollten, ist dass sich die Parteien häufig objektiv oder subjektiv in einer asymmetrischen Machtkonstellation befinden (Fechler 2008: 172–200; Wüstehube 2002: 5–6; Kalpaka 2008: 387–399). In den daraus resultierenden Konflikten geht es nicht, wie häufig durch die Beteiligten präsentiert, ausschließlich um interkulturelle Verschiedenheit, sondern auch um das Verhältnis zwischen Dominanten und Dominierten, Mehrheiten und Minderheiten, Etablierten und Außenseitern und den damit verbundenen Kränkungen (Fechler 2008: 174) Konflikte können aus der Konkurrenz um den sozialen Status, der Frage nach Zugehörigkeit oder aus dem Wettbewerb um soziale, politische und rechtliche Teilhabe entstehen. Die Angehörigkeit zu einer ethnisch-kulturellen Gruppe wird dann dazu genutzt Ansprüche, Rechte und Pflichten abzuleiten. „Viele ganz ‚normale' Interessen- und Verteilungskonflikte bekommen so einen kulturellen Überbau“ (Fechler 2018: 181). Je stärker eine Partei befürchtet an Einfluss zu verlieren, desto energischer werden kulturalisierende Deutungen herangezogen, um die eigene Position zu stärken (Fechler 2008: 188).

MediatorInnen sollten wahrgenommene strukturelle Machtasymmetrien ansprechen und dies im Sinne der Allparteilichkeit ohne moralische Bewertungen (Fechler 2008: 189). Es ist essenziell, dass alle Beteiligten akzeptieren, dass Sichtweisen und Wahrnehmungen der jeweils anderen ihre Existenzberechtigung haben, auch wenn sie nicht geteilt werden (Wüstehube 2002: 5–6). Die fortlaufende Überprüfung der prozeduralen Gerechtigkeit und der eigenen Allparteilichkeit ist ein weiterer Ansatz. Die Beteiligten können offen darum gebeten werden, wahrgenommene Asymmetrien in der Mediation direkt mitzuteilen, um eine Korrektur zu ermöglichen. Weiterhin ist es wichtig, alle Beteiligten darin zu unterstützen, ihr Eigeninteresse herauszuarbeiten und zu äußern. Dies gilt gleichermaßen für alle Parteien (Wüstehube 2002: 6). Im Vorfeld kann es hilfreich sein, eine Analyse des Konfliktfeldes vorzunehmen, um sich für die Thematik der „Anerkennung" zu sensibilisieren. Das heißt MediatorInnen sollten die mit Migration und Globalisierung verbundenen rechtlichen, politischen und sozialen Aspekte studieren (Fechler 2008: 181) und sich die Frage stellen, welche Kriterien den Rang und die Hierarchie innerhalb und zwischen Gruppen bestimmen (Wüstehube 2002: 6). Es darf zudem nicht außer Acht gelassen werden, dass auch die MediatorInnen in Machtverhältnisse eingebunden sind und eine spezifische Statusposition einnehmen, die reflektiert werden muss und die ebenfalls den Zugang zu bestimmten Konfliktfeldern bestimmen kann (Fechler 2008: 191).

Unterschiedliche Konfliktkulturen

Der Umgang mit Konflikten wird im Zusammenhang mit Gruppenzugehörigkeiten erlernt und verfestigt sich als unbewusste Norm. Dabei sind nicht nur in ethnischen Gruppen, sondern auch in Familien und Unternehmen eigene Konfliktkulturen zu beobachten. Zum einen kann zwischen kollektiver und durch das Individuum bestimmter Konfliktbearbeitung unterschieden werden. Zum anderen können die Beteiligten an den beiden Polen direkte versus indirekte Kommunikation / Konfrontation verortet werden. Weiterhin kann zwischen einer auf Konfliktpunkte orientierten Bearbeitung des Konfliktes und einer Bearbeitung, die stärker auf die Einhaltung gesellschaftlicher und kommunikativer Rituale abzielt, unterschieden werden (Wüstehube 2002: 6–7; Fechler 2008: 195). Es soll aber nicht um das „Studieren" dieser kulturellen Unterschiede gehen, sondern vielmehr um eine Sensibilisierung und das Empowerment der beteiligten Konfliktparteien.

Bei der Betrachtung von unterschiedlichen Konfliktkulturen, muss auch das Verfahren der Mediation in einen kulturellen Kontext eingeordnet werden. Mediation basiert auf nordamerikanischen und nordeuropäischen Wertvorstellungen über das Verfahren mit Konflikten. Dies sind unter anderem das individuelle Selbstbestimmungsrecht, direkte Kommunikation oder die Haltung, dass Konflikte das Potenzial der (Weiter-)Entwicklung in sich tragen. Um eine Mediation durchführen zu können, die unterschiedlichen Konfliktkulturen gerecht wird, müssen MediatorInnen zunächst ihre eigenen Konfliktmuster reflektieren. Aufgrund des eigenen kulturellen Hintergrundes kann es vorkommen, dass die eigene Form der Konfliktbearbeitung als die naheliegendste und wünschenswerteste und die der anderen als ineffektiv und abwegig bewertet wird (Wüstehube 2002: 6–7). Bei einer Konfliktbearbeitung, in der die Parteien unterschiedliche Konfliktkulturen haben, ist es daher wichtig eine Kontextualisierung vorzunehmen, um herauszuarbeiten, was die Gemeinsamkeiten der Konfliktkulturen sowie die Unterschiede sind. Im Sinne des Empowerments werden die Parteien angeregt, ein auf ihre Konfliktkulturen und ihr Gerechtigkeitsempfinden zugeschnittenes Konfliktbearbeitungs-Design zu entwickeln (Wüstehube 2002: 6–7).

Kulturell bedingte Entscheidungs- und Lösungstypen

Auf welche Art und Weise es zur Lösungsfindung im Rahmen einer Mediation kommt, hat großen Einfluss darauf wie nachhaltig die Lösung ist und für wie fair sie beurteilt wird. Wie Lösungen eingeschätzt werden, ist unter anderem kulturell geprägt. So kann die Entscheidungsfindung zum Beispiel hierarchisch oder konsensual sein. Lösungen können wiederum auf das Individuum oder kurativ im Bezug auf das soziale System ausgerichtet sein (Wüstehube 2002: 8). MediatorInnen müssen darauf achten, dass die Konfliktbearbeitung den Parteien ermöglicht angemessene Entscheidungen treffen zu können und persönliche Lösungstypen einfließen zu lassen (Wüstehube 2002: 8).

2 Mediationskompetenz in interkulturellen Kontexten

Die bisherigen Ausführungen haben deutlich gemacht, dass es bei Mediationskompetenz im interkulturellen Kontext nicht um das Kennen von Kulturen geht, sondern darum eine reflexive Haltung einzunehmen und eine Sensibilität für das Verfahren im interkulturellen Kontext zu entwickeln. „Interkulturelle Mediationskompetenz versucht eine angemessene Balance zwischen der Überbetonung und der Ignoranz kultureller Aspekte zu finden und Konflikte so zu entwirren, dass <Kultur> eben eine unter vielen Dimensionen der Konfliktachse sein kann" (Dahinden 2005: 112). Fechler (2008: 192–196) gibt praktische Hinweise darauf wie MediatorInnen in diesem Spannungsfeld handlungsfähig bleiben. Er führt dazu drei „Eckpunkte einer ‚interkulturell kompetenten' Mediationspraxis" (Fechler 2008: 192) an.

Differenzsensibilität

Eine differenzsensible Haltung bedeutet, dass MediatorInnen offen für die Selbstbeschreibung der Parteien sein müssen und nicht aufgrund des kulturellen Hintergrundes einer Person davon ausgehen dürfen, dass sie bereits wissen, wie diese Person denkt, fühlt und handelt (Fechler 2008: 192–193). Menschen sind verstrickt in Geschlechterverhältnisse, Verhältnisse sozialer Schichtung, natio-ethno-kulturelle Verhältnisse, Verhältnissen von Alter/Generation etc. (Leiprecht und Lutz 2009: 218–221). Fechler (2008: 192–193) empfiehlt hier proaktiv danach zu fragen von welcher Perspektive sich die Person gerade beschreibt und als wer oder was sich die Person in der Sache sieht. Weiterhin sollten MediatorInnen Interesse daran zeigen, was die Selbstbeschreibung für die Person bedeutet indem gefragt wird, was diese in dem spezifischen Kontext ausdrückt und was ihr daran wichtig ist.

Dominanzsensibilität

Die bereits thematisierten Machtasymmetrien in „interkulturellen Beziehungen" sind strukturell angelegt und können durch die Mediation nicht aufgelöst werden (Fechler 2008: 194). Allerdings kann Mediation, so Fechler (2008: 194), einen Beitrag dazu leisten, dass diese auf interpersonaler Ebene weniger destruktive Auswirkungen haben. Häufig sind sich die Angehörigen der Mehrheitsgesellschaft nicht darüber bewusst, dass Verhaltensweisen und Werte, die sie als „normal" betrachten, von VertreterInnen der Minderheit anders gesehen werden könnten. Abweichendes Verhalten wird dann von den MehrheitsvertreterInnen als problematisch bewertet. Angehörige der Minderheit fühlen sich wiederum dadurch diskriminiert und nicht anerkannt. Machtasymmetrien müssen durch MediatorInnen angesprochen und die Parteien dazu angeregt werden, genauer hinzuschauen, um Elemente des Konflikts wahrnehmen zu können, die sie bisher ignoriert haben (Fechler 2008: 194).

Kontextsensibilität

Bei allen Beteiligten muss eine grundsätzliche Akzeptanz bezüglich des Verfahrens und gegenüber den MediatorInnen als Person hergestellt werden (Fechler 2008: 195). Konfliktparteien, denen das Verfahren nicht bekannt ist, fragen sich im Vorfeld vermutlich, wer die MediatorInnen sind und ob sie geeignet sind, welche Regeln für das Verfahren der Mediation gelten und inwieweit eine Mitbestimmung möglich ist und von welchem Verständnis von Gerechtigkeit ausgegangen wird (Fechler 2008: 195). MediatorInnen müssen deshalb insbesondere im interkulturellen Kontext eine kontextsensible Haltung einnehmen und das Konfliktbearbeitungs-Design unter Berücksichtigung der Fragestellungen der Parteien verhandeln (Fechler 2008: 195). Darüber hinaus geschieht „Mediation [...] nicht im luftleeren Raum. Es gibt immer ein ‚gastgebendes System', dessen informelle Regeln, Gesetze und Machtkonstellationen die Rahmenbedingungen für eine Mediation abstecken" (Fechler 2008: 196).

3 Fazit

Mediation im interkulturellen Kontext unterscheidet sich nicht grundsätzlich von der in anderen Anwendungsfeldern (Wüstehube 2002: 9). Es bedarf jedoch eines professionellen Umgangs mit sozialer und kultureller Vielfalt, welcher über das Alltagsverständnis von Kultur hinausgeht. Um nicht in die „Kulturalisierungsfalle" (Kalpaka 2008: 387) zu tappen, gilt es zunächst Kultur als soziale Praxis anzuerkennen. Dabei ist es wichtig, eine reflexive Haltung einzunehmen und ganz im Sinne der Mediation die jeweilige subjektive Funktionalität von dem Reden über Kultur, kulturelle Identität, Mentalität etc. zu erfragen. Denn häufig geht es den Parteien um ganz andere Themen, die den Konflikt besser erklären als Kultur (Fechler 2008: 180). Ein weiterer wichtiger Aspekt einer kultursensiblen Haltung ist die Offenheit gegenüber den Selbstbeschreibungen der Parteien. MediatorInnen, die über eine interkulturelle Mediationskompetenz verfügen, vermögen Machtasymmetrien anzusprechen und gleichzeitig die Parteien beim Verfolgen ihrer Interessen zu unterstützen. Weiterhin ist es essenziell die Konfliktbearbeitung zu kontextualisieren. Das heißt, anschlussfähig zu machen, um so gute Bedingungen für faire Mediationsergebnisse und prozedurale Gerechtigkeit zu schaffen. Grundvoraussetzung für einen kompetenten Umgang mit interkulturellen Mediationen ist jedoch die Fähigkeit zu Selbstreflexion. Das Reflektieren von Projektionen und der eigenen Anbindung an die unterschiedlichen Differenzlinien ermöglicht den so wertvollen Perspektivwechsel.

4 Literatur

Busch, Dominic (2007): Interkulturelle Mediation. Eine theoretische Grundlegung triadischer Konfliktbearbeitung in interkulturell bedingten Kontexten. Frankfurt am Main: Peter Lang.

Dahinden, Janine (2005): Was heißt schon interkulturell? Mediation in Zeiten der Globalisierung. In: von Sinner, Alex/Zirkler, Michael (Hrsg.): Hinter den Kulissen der Mediation: Kontexte, Perspektiven und Praxis der Konfliktbearbeitung. Bern: Haupt, S. 101–114.

Fechler, Bernd (2008): Interkulturelle Mediationskompetenz. Umrisse einer differenz-, dominanz- und kontextsensiblen Mediation. In: Auernheimer, Georg (Hrsg.): Interkulturelle Kompetenz und pädagogische Professionalität. Wiesbaden: VS, S. 172–200.

Gunawardena, Charlotte N., LaPointe, Deborah (2008): Social and cultural diversity in distance education. In: Evans, Terry/Haughey, Margaret/Murphy, David (Hrsg.): International Handbook of Distance Education. Bingley: Emerald, S. 51–69.

Gunawardena, Charlotte N., Wilson, Penne L. und Nolla, Anna C. (2003): Culture and online education. In: Moore, Michael G./Anderson, William G. (Hrsg.): Handbook of Distance Education. Mahwah: Lawrence Erlbaum Associates, S. 753–775.

Hörning, Karl H. und Reuter, Julia (Hrsg.) (2004): Doing culture: Neue Positionen zum Verhältnis von Kultur und sozialer Praxis. Bielefeld: Transkript.

Kalpaka, Annita (2008): Pädagogische Professionalität in der Kulturalisierungsfalle – Über den Umgang mit ‚Kultur' in Verhältnissen von Differenz und Dominanz. In: Leiprecht, Rudolf/Kerber, Anne (Hrsg.): Schule in der Einwanderungsgesellschaft. Schwalbach/Ts.: Wochenschau, S. 387–405.

Leiprecht, Rudolf (2008): Kulturalisieung vermeiden: zum Kulturbegriff Interkultureller Pädagogik. In: Rosen, Lisa/Farrokhzad, Schahrzad (Hrsg.): Macht – Kultur – Bildung: Festschrift für Georg Auernheimer. Münster: Waxmann, S. 129–146.

Leiprecht, Rudolf und Lutz, Helma (2009): Intersektionalität im Klassenzimmer: Ethnizität, Klasse, Geschlecht. In: Leiprecht, Rudolf/Kerber, Anne (Hrsg.): Schule in der Einwanderungsgesellschaft. Schwalbach/Ts.: Wochenschau, S. 218–234.

Wüstehube, Ljubjana (2002): Mediation im interkulturellen Kontext: Erhöhte Aufmerksamkeit auf Gerechtigkeitsempfinden und kontextuelle Gerechtigkeit. In: Forum Mediation, 2002/2, S. 1–10.

Katharina Prahst absolvierte nach dem Bachelorstudium der Pädagogik mit dem Nebenfach Ökonomische Bildung an der Carl von Ossietzky Universität Oldenburg – ebenfalls in Oldenburg – den Masterstudiengang Erziehungs- und Bildungswissenschaften mit dem Schwerpunkt Lifelong Learning/Bildungsmanagement. Seit 2016 arbeitet Katharina Prahst als Personalentwicklerin bei Drees & Sommer. In 2019 schloss sie erfolgreich die Ausbildung „Mediation mit dem Schwerpunkt Wirtschaft" an der Steinbeis-Hochschule ab.

Der mediationsunterstützte Entscheidungsprozess – Eine Untersuchung zu den Möglichkeiten der Mediation im Zusammenhang mit Entscheidungsprozessen in Unternehmen des westlichen Kulturkreises

Bernd Müller-Allissat

Nicht nur Fakten, sondern auch nicht-ökonomische Faktoren wie organisationaler Kontext, Neigung zur Selbstüberschätzung, firmeninterner Lobbyismus und ein intuitiver- oder rationaler Entscheidertypus beeinflussen das Entscheidungsverhalten von Managern – und dies nicht immer im Sinne des Unternehmens. Mithilfe eines adaptierten Mediationsprozesses unter Einbeziehung von Mitarbeitern aller Ebenen kann der Einfluss von nicht-ökonomischen Faktoren auf Entscheidungen verringert bzw. eliminiert werden.

Könnte Mediation ein geeignetes Verfahren sein, um bei Entscheidungsprozessen in Unternehmen das Fachwissen und die unternehmensbezogenen Interessen aller beteiligten Mitarbeiter in den Entscheidungsprozess einfließen zu lassen?

Wie müsste der Mediationsprozess gestaltet sein, um in diesem Sinne Entscheidungs-unterstützend zu wirken und in einem Unternehmen akzeptiert zu werden?

1 Der Faktor Mensch bei Entscheidungen

Der Erfolg eines Unternehmens hängt zu einem wesentlichen Teil davon ab, welche Entscheidungen die Unternehmensleitung hinsichtlich der strategischen Ausrichtung des Unternehmens, der Entwicklung von neuen Produkten, Produkteigenschaften etc. trifft.

Der Entscheidungsprozess und die Entscheidungsfindung selbst werden dabei von verschiedenen Faktoren, vor allem aber vom Faktor Mensch beeinflusst.

1.1 Der Einfluss kognitiver Verzerrungen auf Entscheidungen

Menschen entsprechen in ihren Entscheidungen nicht immer dem von Mill eingeführten Homo Oeconomicus, der sich in einer Entscheidungssituation nach rein rationaler Abwägung aller Alternativen für diejenige Alternative entscheidet, die seinen persönlichen Nutzen maximiert (Mill 1974, Varian 2011). Vielmehr unterliegen Menschen in ihren Entscheidungen immer wieder unbewussten Fehlern, den sogenannten kognitiven Verzerrungen, d. h. meist unbewussten Abweichungen von rationalen Denkmustern (Weeth 2018: 9).

Beispielsweise lassen sich Entscheider in Unternehmen durch die relative Darstellung von Gewinnen und Verlusten im Vergleich zu einem persönlichen Referenzpunkt in ihren Investitionsentscheidungen beeinflussen. Verluste werden etwa doppelt so negativ wahrgenommen wie Gewinne in gleicher Höhe positiv wahrgenommen werden. Daraus folgt, dass Entscheider eher dazu tendieren, Verluste zu vermeiden, anstatt Gewinnchancen zu verfolgen (Weeth, 2018: 9).

Auch die „Over-confidence“ (übermäßige Zuversicht) ist ein weit verbreitetes Phänomen in der Wirtschaftswelt. Diese kann in drei Facetten eingeteilt werden: übermäßiger Optimismus in Bezug auf die Zukunft, übersteigertes Vertrauen in die eigenen Fähigkeiten und ein ungerechtfertigt hoher Glaube an die Richtigkeit eigener Entscheidungen (Weeth 2018: 9).

Solche kognitiven Verzerrungen können insbesondere in Bezug auf unternehmerische Entscheidungen enorme wirtschaftliche Schäden anrichten, da sich Entscheider systematisch selbst überschätzen, Ressourcen verschwenden und ggf. mit falschen strategischen Entscheidungen die Existenz ganzer Unternehmen leichtfertig aufs Spiel setzen.

Weiterhin kann die Zugehörigkeit zu einer bestimmten Gedankenwelt (z. B. Abteilung), der sogenannte „organisationale Kontext“, das Denken und Handeln des Entscheiders beeinflussen. Auch die Herkunft von Informationen, z. B. aus bestimmten Abteilungen, Länderorganisationen oder Kulturen spielt bei ihrer Bewertung eine Rolle. Hierarchien haben ebenfalls großen Einfluss auf die Bewertung, so konnte Weeth zeigen, dass Manager besonders Prognosen aus hohen Hierarchieebenen folgen (Weeth 2018: 134 f.).

Weeth konnte in seiner Arbeit zeigen, dass sich der organisationale Kontext als ein zentraler Einflussfaktor auf die Entscheidungen von Managern auswirkt, und dies unabhängig von der Qualität der Informationen (Weeth 2018).

In seiner Diskussion einer Studie zum Einfluss unterschiedlicher Informationsquellen auf prognosebasierte Beurteilungen von Neuprodukteinführungen kommt Weeth zu einem für Unternehmen alarmierenden Ergebnis: „Die Einführungsentscheidungen über neue Produkte werden in hohem Maße davon beeinflusst, wer die Prognose abgibt. Das bedeutet, dass manche Produkte eingeführt oder gestoppt werden könnten, abhängig davon, welche Quelle die Informationen bereitgestellt hat – und unabhängig davon, ob die Prognose von akzeptabler Qualität ist oder nicht.“ (Weeth 2018: 137)

Neben dem organisationalen Kontext gibt es noch weitere, nicht-rationale Faktoren, die einen Einfluss auf den Entscheidungsprozess haben können. Dazu zählen Einzelpersonen oder Interessengruppen innerhalb des Unternehmens, die eigene Ziele verfolgen und diese mit unterschiedlichen Mitteln umsetzen wollen, die firmeninternen Lobbyisten.

„Ist eine Prognose besonders wichtig, so haben sowohl der Entscheider als auch seine Informanten innerhalb und außerhalb der Organisation einen Anreiz, Informationen zu verfälschen, um bestimmte Ziel zu erreichen. Befindet er sich selbst in einer Machtposition, so wird er sich deshalb auch weniger auf Dritte verlassen, da er einen Machtverlust durch Falschberatung befürchten muss“ (Weeth 2018: 52).

Ein weiterer Einflussfaktor, der nicht unterschätzt werden sollte, ist das Vorenthalten von entscheidungsrelevanten Informationen, deren Weitergabe von der eigenen Führungskraft unerwünscht ist.

Nach Neuert und Hoeckel (2013) spielt außerdem der Entscheidertypus, ob intuitiv oder rational, eine wesentliche Rolle im Entscheidungsprozess. Intuitives

Entscheidungsverhalten wird eher beim Vorliegen sehr komplexer Fragestellungen eingesetzt. Rationales Entscheidungsverhalten hingegen eher bei sehr klar strukturierten Fragestellungen (Neuert und Hoeckel, 2013).

Die eingangs gestellte Frage kann nun darum ergänzt werden, ob eine Mediation in diesem Zusammenhang den Einfluss der oben genannten Faktoren wie organisationaler Kontext, Selbstüberschätzung, firmeninterner Lobbyismus und intuitiver / rationaler Entscheidertypus minimieren oder gar eliminieren könnte.

2 Mediation als Entscheidungsunterstützendes Verfahren

Dem Unternehmen kommt die Aufgabe zu, die Voraussetzungen für die Durchführung der Mediation als Verfahren zur Entscheidungsunterstützung zu schaffen und diese als Teil des Entscheidungsprozesses zu implementieren.

Dazu zählt in enger Zusammenarbeit mit dem Mediator / Mediatorenteam vor allem die Information der Mitarbeiter im Rahmen eines „Pre-Mediations"-Meetings über Methode und Ablauf. Hier ist das oberste Ziel, die Mitarbeiter für den anstehenden Prozess zu gewinnen. Möglichst große Transparenz schafft dafür die besten Voraussetzungen.

Zwischen der internen Ankündigung des Mediationsverfahrens zu einem bestimmten Thema und der Durchführung sollte mindestens ein Monat liegen, um den Parteien ausreichend Zeit zur Vorbereitung zu geben.

Der Mediator sollte von extern kommen, um hinsichtlich Allparteilichkeit, Neutralität und Verschwiegenheit ein klares Zeichen zu setzen.

Je nach Fragestellung sollten Mediationsrunden mit allen betroffenen Abteilungen (z. B. Entwicklung, Marketing, Vertrieb, Innovation etc.) durchgeführt werden, um deren Interessen und Optionen zum Thema zu erfassen: auf Arbeitsebene ohne die jeweiligen Teamleiter, auf Ebene des mittleren bzw. oberen Managements (Gruppenleiter, Abteilungsleiter) und je nach Unternehmensorganisation auf Ebene der Unternehmensleitung bzw. des Entscheiderkreises.

Das Thema muss klar und eineindeutig verständlich formuliert sein, komplexe Fragestellungen sind ggfs. in kleinere, möglichst klar strukturierte und gut verständliche Fragen umzuformulieren. Eine Diskussion in den Mediationsrunden ist nicht mehr möglich, da die Ergebnisse sonst nicht mehr vergleichbar wären. Der Mediator sollte daher bereits bei der Formulierung der Fragestellungen einbezogen werden.

Die Ergebnisse der Interessens- und Optionsphase sollten so stark wie möglich zusammengefasst werden, um dem Entscheiderkreis am Ende eine möglichst umfassende, aber auch übersichtliche Entscheidungshilfe zur Verfügung zu stellen.

2.1 Die Interessensphase

In der ersten Phase ist das Ziel das Herausarbeiten der Interessen und Meinungen der Abteilungen zum Thema. Im Falle einer Neuproduktentwicklung können dies z. B. favorisierte Eigenschaften, Bedenken zum Nutzen, Zeitpunkt der Entwicklung, Informationen zu Produkten der Konkurrenz, Hinweise auf die Entwicklungsdauer, Kollision mit anderen Projekten, technische Limitierungen etc. sein.

Die Aufgabe des Mediators ist es, mithilfe von reflexiven und zirkulären Fragen den Fokus immer wieder auf die übergeordneten Unternehmensziele zu lenken. Die Joker-Fragen in dieser Phase könnten folgendermaßen aussehen:

- Was ist daran für das Unternehmen wichtig?
- Was wollen Sie damit für das Unternehmen sicherstellen?
- Welche Bedeutung hat das für das Unternehmen?

Auf diese Art und Weise können gleichzeitig diejenigen Interessen herausgefiltert werden, die nichts mit den Unternehmenszielen zu tun haben und einem übergeordneten, holistischen Verständnis im Sinne des Unternehmens entgegenlaufen.

Als Ergebnis sollte pro Abteilung ein Flipchart mit Interessen vorliegen. Diese Begrenzung ist wichtig, um bei der Darstellung aller Ergebnisse im Entscheiderkreis Übersichtlichkeit gewährleisten zu können.

2.2 Die Optionsphase

Ziel ist das Entwickeln von Optionen und Lösungen im Sinne des Unternehmens. Das bedeutet auch das Denken über das eigene Arbeitsgebiet, die persönlichen Ziele, die Abteilungsgrenzen hinaus. Das Silo-Denken in Abteilungsstrukturen verlassen und einen holistischen Blickwinkel im Hinblick auf die zur Diskussion stehende Entscheidung einnehmen und aus diesem Denken heraus im Sinne des Unternehmens Lösungen entwickeln.

Hier einige Beispiele für zukunfts- und lösungsorientierte Fragen, mit denen der Mediator unterstützen kann:

- Wie könnte eine tragfähige, zukunftsorientierte Entscheidung für das Unternehmen aussehen?
- Wenn Sie die kommenden fünf Jahre und die jetzt anstehende Entscheidung betrachten, wie sieht aus Ihrer Sicht die beste Lösung für das Unternehmen aus?
- Wie müsste eine Entscheidung aussehen, damit sie dem Unternehmen garantiert Nachteile gegenüber der Konkurrenz bringt? Wie würde die Konkurrenz entscheiden?

Als Ergebnis sollte pro Abteilung wiederum ein Flipchart mit Optionen vorliegen.

2.3 Diskussion im Entscheiderkreis

Die abschließende Darstellung und Diskussion aller Ergebnisse der Mediationsrunden findet im Entscheiderkreis statt. Auch dieser finale Teil des Prozesses sollte mediiert werden.

Weiterzuverfolgende Interessen und Optionen werden vom Mediator auf neue Flipcharts geschrieben. Am Schluss sollte jeweils ein Flipchart mit Interessen und eines mit Optionen als Zusammenfassung der Mediationsrunden auf Arbeitsebene, der Ebene der Abteilungsleiter und der Leitungskreis-Ebene erarbeitet sein. Dem Mediator kommt dabei die Aufgabe zu, darauf zu achten, dass alle Ergebnisse der Mediationsrunden gleichwertig betrachtet werden. Die Ergebnisse werden einander gegenübergestellt, dies ist dann die Grundlage für eine Entscheidung durch den Entscheiderkreis.

Durch diese Gegenüberstellung kann auch sichtbar werden, wie weit Unternehmensleitung, mittleres / oberes Management und Mitarbeiter auf Arbeitsebene in ihren Interessen, Meinungen und Vorstellungen auseinanderliegen, wenn es um das Verständnis der übergeordneten Ziele des Unternehmens geht.

Positiver Nebeneffekt wäre (für das Unternehmen), dass die gefürchtete „Betriebsblindheit" der Unternehmensleitung, die zwangsläufig nach einigen Jahren einsetzt, in einem geschützten Raum sichtbar werden würde.

2.4 Kommunikation der Entscheidung, Protokoll

Die nach Abschluss des Mediationsprozesses von der Unternehmensleitung getroffene Entscheidung sollte protokolliert, kommuniziert und begründet werden. Transparenz ist hier wichtig, um die Mitarbeiter für die nun folgende Umsetzung zu motivieren.

Die Dokumentation der Ergebnisse des gesamten Mediationsprozesses erfolgt über Fotos. Diese sollten anschließend zusammen mit der finalen Entscheidung archiviert werden.

2.5 Vorteile für das Unternehmen

Sollte das Mediationsverfahren in dem oben beschriebenen Ablauf als Teil eines Entscheidungsprozesses eingesetzt werden, könnte das folgende Vorteile für das Unternehmen haben:

Die von Weeth (2018) gezeigten, durch den organisationalen Kontext bedingten kognitiven Verzerrungen bei Management-Entscheidungen könnten auf diese Art und Weise abgeschwächt oder möglicherweise sogar ausgeschaltet werden, da bei der abschließenden Diskussion und Entscheidungsfindung nicht eindeutig auf die Herkunft der vorliegenden Informationen geschlossen werden kann. Es ist die Aufgabe des Mediators, darauf zu achten, dass alle Interessen und Optionen aus Mitarbeiter- und Management-Ebene gleichwertig betrachtet werden. Natürlich kann auch dieses Verfahren nicht verhindern, dass Informationen und Meinungen von anderer Seite an den Entscheiderkreis herangetragen werden. Es ermöglicht jedoch eine bessere Einschätzung dieser Informationen vor dem Hintergrund der gesammelten Stellungnahmen aus den Mediationsrunden.

Durch die Breite der gesammelten Informationen und Meinungen wirkt das Verfahren ausgleichend im Hinblick auf intuitive / rationale Entscheider-Typen. Das lässt in Richtung der von Neuert / Hoeckel (2013) empfohlenen Mixed Decision Making Teams denken.

Eine gesteigerte Motivation auf Seiten der Mitarbeiter, weil diese sich aktiv in den Entscheidungsprozess einbringen können.

Da die herausgearbeiteten Informationen auf dem Fachwissen vieler Mitarbeiter basieren, fallen verfälschte Informationen aus anderen Quellen eher auf.

Das Verfahren schafft eine offenere Arbeitsatmosphäre, die eine größere Ehrlichkeit ohne Angst vor möglichen Konsequenzen möglich macht.

Das Mediationsverfahren ist hinsichtlich der Herausarbeitung der Interessen und Meinungen der Mitarbeiter ein indirektes Verfahren. Das heißt, es ist ein für die Unternehmensleitung gesichtswahrendes Verfahren, falls sich am Ende des Prozesses zeigen sollte, dass sie mit z. B. einem Vorschlag zu einer Strategie oder einem Produkt von unrealistischen, möglicherweise verzerrt wahrgenommenen Voraussetzungen ausgegangen ist. Sollte die Unternehmensleitung die Vorschläge der Mitarbeiter teilweise oder ganz akzeptieren und übernehmen, wäre dies sicherlich ein deutlicher Motivationsschub für die Mitarbeiter.

Firmeninterne Lobbyisten haben es hier deutlich schwerer, persönlich motivierte Interessen zu platzieren und durchzusetzen. Davon wiederum profitiert das Unternehmen insgesamt, da Ressourcen in erster Linie zur Erreichung der Unternehmensziele eingesetzt werden.

Dieser Prozess könnte dazu beitragen, dass Mitarbeiter, mittleres Management und Leitung und damit das ganze Unternehmen in eine gemeinsame Richtung laufen, was wiederum Synergie und echte Kooperation zwischen Abteilungen fördern würde.

Der Mediationsprozess könnte zum Überwinden des ausschließlich auf die eigene Abteilung bezogenen (Silo-) Denkens beitragen.

Die Unternehmensleitung könnte direkt feststellen, ob sie und die Mitarbeiter ähnliche Vorstellungen von der zukünftigen Richtung des Unternehmens haben bzw. ob das Verständnis der übergeordneten Ziele bzw. der Strategie des Unternehmens ähnlich ist. Damit würde auch deutlich werden, ob eine von der Unternehmensleitung ursprünglich vorgegebene strategische Ausrichtung bei den Mitarbeitern überhaupt angekommen ist.

Es darf allerdings nicht vergessen werden, dass die finale Entscheidung nach wie vor bei der Unternehmensleitung liegt. Hierarchische Strukturen, sofern zutreffend, werden durch diesen Prozess nicht berührt.

2.6 Nachteile für das Unternehmen

Je nach Typus und Offenheit des Leitungskreises bzw. des oberen Managements könnte dieser Prozess als Eingriff in die Entscheidungshoheit aufgefasst werden. Siehe dazu auch die Ausführungen von Weeth (2018) zu kognitiven Verzerrungen bei Entscheidern (übersteigertes Vertrauen in die eigenen Fähigkeiten und ein ungerechtfertigt hoher Glaube an die Richtigkeit eigener Entscheidungen). Sollte dies der Fall sein, würde diese Methode vermutlich nicht angewandt werden.

2.7 Aufwand und Zeitbedarf des gesamten Verfahrens

Organisation der Mediationsrunden, Durchführung etc. verursachen je nach Größe des Unternehmens und der involvierten Abteilungen einen erheblichen Aufwand. Die zahlreichen Mediationsrunden wären wohl auch nur von einem Mediatoren-Team zu bewältigen, je nach Unternehmensgröße.

Der Gewinn und der Nutzen der auf breiter Basis gewonnen Informationen würde diesen Aufwand aus meiner Sicht jedoch rechtfertigen.

2.8 Voraussetzungen und Einschränkungen

Idealerweise sind die Mitarbeiter physisch an einem Ort und kommen zu den Mediationsrunden in einem Raum zusammen. Auf diese Weise ist Vertraulichkeit und Offenheit am ehesten gewährleistet.

Im Falle von weltweit verteilt arbeitenden Teams können Online-Mediationen durchgeführt werden. Sofern Mitarbeiter aus unterschiedlichen Nationen und mit unterschiedlichen kulturellen Hintergründen beteiligt sind, ist dies eventuell bei der Fragestellung zu berücksichtigen. Im Falle der Online-Mediation ist es besonders wichtig, dass sich der Mediator immer wieder Feedback abholt, ob die Fragen und Antworten richtig verstanden worden sind.

Für die abschließende Darstellung der Ergebnisse im Entscheiderkreis und die Entscheidung selbst sollten die Entscheider physisch anwesend sein, um eine fokussierte und offene Diskussion zu fördern.

Beschränkung auf Unternehmen des westlichen Kulturkreises: Weeth (2018) führt am Beispiel der Verlusteskalation unter Nennung zahlreicher Quellen auf, dass kulturelle Unterschiede die Verlusteskalation beeinflussen können. So führen Entscheider aus Asien bzw. China im Vergleich zu westlichen Kulturen scheiternde Projekte eher fort, um das „Gesicht zu wahren".

Ich beschränke meine Ausführungen zu diesem Modell für einen mediationsunterstützten Entscheidungsprozess explizit auf Unternehmen des westlichen Kulturkreises, da sich die hier verwendete Literatur in erster Linie auf diese Unternehmen bezieht.

Möglicherweise müssen jedoch Start-Up Unternehmen mit der ihnen eigenen hoch-dynamischen Mikrokultur gesondert daraufhin betrachtet werden, ob dieses Modell passend wäre.

3 Zusammenfassung und Ausblick

Die eingangs gestellte Frage lautete, ob Mediation ein geeignetes Verfahren sein könnte, um Entscheidungsprozesse in einem Unternehmen im westlichen Kulturkreis zu unterstützen, indem das Fachwissen und die unternehmensbezogenen Interessen der beteiligten Mitarbeiter mithilfe der Mediation in den Entscheidungsprozess einfließen.

Entscheidungsträger in Unternehmen entscheiden sich nicht immer für diejenige Alternative, die den Nutzen des Unternehmens maximiert, sondern unterschiedliche, nicht-ökonomische Faktoren beeinflussen das Entscheidungsverhalten und die Entscheidung selbst, und dies nicht immer im Sinne des Unternehmens.

Anhand eines adaptieren Mediationsprozesses wurde gezeigt, dass Mediation ein geeignetes Verfahren sein könnte, um das Fachwissen und die unternehmensbezogenen Interessen und Meinungen aller beteiligten Mitarbeiter in den Entscheidungsprozess einfließen zu lassen und dabei den Einfluss der beschriebenen nicht-ökonomischen Faktoren wie organisationaler Kontext, Selbstüberschätzung, firmeninterner Lobbyismus und Art des Entscheidertypus zu minimieren.

Es ist denkbar, dieses Verfahren nicht nur auf anstehende Produkt- bzw. Strategie-Entscheidungen anzuwenden, sondern auch auf eine geplante Neuorganisation bzw. Umstrukturierung eines Unternehmens.

4 Literatur

Mill, John Stewart (1974): Über die Freiheit. Stuttgart: Reclam.

Neuert, Josef und Hoeckel, Christopher A. (2013): The Impact of Personality Traits and Problem Characteristics on Management Decision-Making Outcomes: Some Experimental Findings and Empirical Conclusions. Journal of Business and Management 19 (3), S. 79–95.

Varian, Hal R. (2011): Grundzüge der Mikroökonomik. München: Oldenbourg.

Weeth, Alexander (2018): Kognitive Verzerrungen bei Managemententscheidungen. Experimentelle Untersuchungen zum organisationalen Kontext in der Neuproduktentwicklung. Dissertation. Wiesbaden: Springer Fachmedien.

Bernd Müller-Allissat absolvierte eine naturwissenschaftliche Ausbildung und wechselte anschließend von der Universität in die Industrie in verschiedene Unternehmen im Pharma- und Medizintechnik-Bereich, wo er auch heute noch tätig ist. 2019 beendete er zudem seine Ausbildung zum Wirtschaftsmediator bei Steinbeis. Sein Interesse galt schon immer der Rolle und dem Zusammenspiel des „Faktor Mensch“ im Unternehmen.

Elemente einer Konfliktkultur in Unternehmen mit dem Schwerpunkt der Entwicklung von Konfliktkompetenzen bei Führungskräften

Christin Höpfel

Führungsstark im Wandel?! Konfliktmanagement ist Führungsaufgabe, gerade in Zeiten massiven Wandels, in denen Veränderungen schneller und mit mehr Wirkung spürbar sind. Umfassende Konfliktkompetenzen sind unentbehrlich bei der Organisations- und Führungskräfteentwicklung. Häufig fehlt es an ausreichender Wahrnehmungs- und Reflexionsfähigkeit sowie Einfühlungsvermögen. Führungskräfte sind die Gestalter einer Konfliktkultur.

1 Einleitung

1.1 Ausgangssituation und Zielsetzung der Arbeit

In Zeiten sich schnell verändernder Rahmenbedingungen, der sogenannten „VUCA“ Welt (volatility, uncertainty, complexity, ambiguity), steigt auch das Risiko für Konflikte. Insbesondere die hochtechnisierte Kommunikation, ein erheblich verschärfter Wettbewerb, zunehmende Globalisierung und der Wandel der Kulturen sind Treiber der Veränderungen (Kriese 2009: 4). In diesem Kontext wandelt sich auch zunehmend das Rollen- und Anforderungsprofil für Führungskräfte (Hollenstein 2017: 22).

Die ökonomische Dimension dysfunktionaler Konfliktkosten ist durchaus relevant. Verschiedene Studien belegen, dass Führungskräfte 30–50 % ihrer wöchentlichen Arbeitszeit zur Bewältigung von Reibungsverlusten, Konflikten oder Konfliktfolgen einsetzen. In ihrer Konfliktkostenstudie hat KPMG ein Reduktionspotenzial von 25 % ermittelt. Die Folgen von unbewältigten Konflikten sind vielfältig: Ziele werden nicht erreicht, Abläufe werden fehleranfällig, das Betriebsklima verschlechtert sich spürbar. Unzufriedene Kunden, Lieferanten und letztlich auch Mitarbeiter, die innerlich gekündigt haben, sind Warnzeichen (KPMG 2009: 20).

Konflikte bieten durchaus Chancen, notwendige Veränderungsprozesse voranzubringen und Verbesserungen in Arbeits- und Kommunikationsprozessen, zu erreichen. Schwierig wird es dann, wenn Konflikte nicht thematisiert und geklärt werden, ob aus Leichtfertigkeit, Unkenntnis, fehlender Kompetenz oder unzureichender, tragfähiger Strukturen.

Es gilt, konfliktbegünstigende Faktoren in Teams und Organisationen zu erkennen und präventive Maßnahmen abzuleiten. Das Management muss die Grundvoraussetzungen für die Entwicklung einer Konfliktkultur und die hierfür wesentlichen Elemente und Themenbereiche kennen und als Führungsteam konsequent angehen. Im Fokus der Betrachtungen stehen die Führungskräfte des mittleren Managements (mit operativer Ergebnis- und Personalverantwortung) und der Blick auf wichtige Entwicklungsfelder hinsichtlich ihrer Konfliktkompetenzen.

2 Ausgangslage und konfliktbegünstigende Faktoren

2.1 Warum Konfliktmanagement vielfach kein Thema ist

Das IKuF (Institut für Konfliktmanagement und Führungskommunikation) geht von „vier Irrtümern" im Konfliktmanagement im Unternehmen aus (IKuF 2018):

- Konflikte am Arbeitsplatz werden gar nicht als Solche erkannt.
- Konflikte werden als Ergebnis einer „Charakterschwäche" des Konflikt-Gegenübers erlebt.
- Inhalte vom Konfliktmanagement werden mit Kommunikationsgrundlagen verwechselt.
- Die wirtschaftliche Dimension ungelöster Konflikte ist nicht relevant.

Ein psychologischer Aspekt wirkt ebenfalls im beruflichen Umfeld. Die sogenannte „Asymmetrie der Wahrnehmung": Was wir als „Tugend" bei uns selbst bewerten, z. B. Genauigkeit, nehmen wir bei anderen oft als negativ übersteigerte Verhaltensweise wahr und bemängeln diese z. B. als „Erbsenzählerei" (Schienle 2016: S.16). Die Hintergründe eines Konfliktes sind oft versteckt. Wir sind uns der unbewusst wirkenden Faktoren wie Werte, Ängste, Erwartungen meist nicht im Klaren. Sie aber bestimmen, wie wir uns verhalten und was uns wichtig ist. Anstelle von frühzeitig geführten Feedback- und Klärungsgesprächen, nutzen wir eher vertraute und auf kurze Sicht „bequemere" Vermeidungs-, Harmonisierungs- und Versachlichungsstrategien (Bruns 2013: 2).

2.2 Konfliktbegünstigende Faktoren

Um die Themenfelder für die Entwicklung einer Konfliktkultur abzustecken, erfordert es einen Blick auf die potentiellen Ursachen, die mehr oder weniger sichtbaren Konflikttreiber. Es lassen sich konfliktbegünstigende Faktoren nach verschiedenen Gliederungskriterien zusammenfassen. So können auf individueller Ebene unzureichende Konfliktkompetenzen einer Führungskraft verhindern, dass Konflikte bearbeitet werden. Unklarheiten im Anforderungsprofil eines Mitarbeiters als auch im Verständnis zur Führungsrolle können auf organisatorischer Ebene konfliktbegünstigend wirken. Werden Veränderungsprozesse, die sich aus dem beschleunigten Wandel auf gesellschaftlicher Ebene, mit Digitalisierung und der Arbeitswelt 4.0 ergeben, nicht oder nicht ausreichend begleitet, können Konflikte wahrscheinlicher auftreten. Eine zusammenfassende Darstellung und eine Empfehlung, wie sich diese abmildern lassen, finden sich in Abbildung 3.

3 Präventive Ansätze zur Entwicklung einer Konfliktkultur

3.1 Voraussetzungen für die Entwicklung einer Konfliktkultur

Eine Voraussetzung für die Entwicklung einer Konfliktkultur ist das aufrichtige Interesse am jeweiligen Gegenüber. Dazu gehört auch die Bereitschaft, seine Schwächen und Fehler einzugestehen. Konflikte sind dann chancenreich, wenn sie zum „richtigen" Zeitpunkt erkannt und auch bearbeitet werden. Aus Sicht der Unternehmensleitung gilt es drei wichtige Voraussetzungen zu berücksichtigen. Zum einen sind tragfähige Unternehmensstrukturen, inklusive einer klaren Trennung von Strategie und Operative, aufzubauen. Zweitens sollte der Umgang mit Konflikten kultiviert und dabei zwingend die Autonomie und Steuerung durch die operativen Führungskräfte sichergestellt werden. Zum anderen sollten die Unternehmenslenker persönlich ansprechbar sein und die Teams mit Vertrauen agieren lassen, also offen bleiben für Transfer und Dialog (Kriese 2009: 23). Mit Blick auf die Führungskräfte auf der operativen Ebene sind ein klares Konfliktbewusstsein, der angemessene Umgang mit Emotionen und der Aufbau von umfangreichen Konfliktkompetenzen essenziell (Bruns 2013: 6).

3.2 Entwicklung von Konfliktkompetenzen

3.2.1 Begriff Konfliktkompetenz

Konfliktkompetenz wird als „Soft Skill" mit den Dimensionen „Kommunikative Kompetenz", „Soziale Kompetenz" und „Führungskompetenz" beschrieben (Moritz 2018). Als Teilbereich der emotionalen Intelligenz lässt sich diese gezielt verbessern und kann direkt gefördert werden. Um sich in einer Auseinandersetzung intelligent zu verhalten, braucht der Mensch neben der kognitiven Qualität, eine gute Selbstwahrnehmung, -steuerung und -motivation, die auch im Konfliktfall genutzt werden kann. Es braucht darüberhinaus Empathie und soziale Kompetenzen sowie die Fähigkeit, diese in schwierigen Situationen auch einsetzen zu können. Zusammenfassend ist dies in Abbildung 1 dargestellt (Bruns 2013: 5 ff.).

Konfliktkompetenzen

Bereiche	Selbstmanagement			Miteinander	
Fähigkeiten	Selbstwahrnehmung	Selbststeuerung	Selbstmotivation	Empathie	Soziale Kompetenz
Fähigkeitsbeschreibung	Fähigkeit, auch und insbesondere in Konfliktsituationen ...				
	... eigene Gefühle wahrnehmen zu können	... Gefühle der Situation angemessen äußern zu können	... eine gesunde Selbststeuerung und den Einsatz der Emotionen für hohe Leistungsbereitschaft zeigen zu können	... sich in die Gefühle anderer Menschen einfühlen zu können	... mittels Empathie andere Menschen zu beeinflussen, u. a. weiterhin motivieren zu können

Abbildung 1: Konfliktkompetenzen – Bereiche und Fähigkeiten (Quelle: Eigene Darstellung nach Bruns 2018: 7).

3.2.2 Spannungsfelder in der aktuellen Führungsrolle

Die Führungskräfte befinden sich aufgrund der beschriebenen, vielfältigen Veränderungen in einem Spannungsfeld. In Abbildung 2 sind aktuelle Entwicklungen, die daraus resultierenden Konsequenzen sowie häufig gewählte Lösungsoptionen aus Sicht der Führungskräfte zusammengefaßt. Als Entwicklungsfeld wird der Umgang mit eigenen Bedürfnissen, Gedanken und Erwartungen als auch die Auseinandersetzung mit Emotionen, insbesondere mit Gefühlen wie Angst, Wut, Trauer etc., angesehen.

Die „emotionale Selbstverantwortung“ ist weder ein Lernfach in der Ausbildung, noch gehört sie in unserer scheinbar „sachlichen Welt“ zum eigenen Selbstverständnis (Hornung 2018: 296).

Spannungsfelder in der aktuellen Führungsrolle
(mittleres Management)

Entwicklungen u. a.

- „Sandwichposition" zwischen Top-Management und Mitarbeiterebene
- Veränderungen in der Führungsrolle durch Digitalisierung (z. B. Rollen- und Kompetenzverschiebungen)
- agile und virtuelle Organisationsstrukturen mit verändertem Rollenverständnis zu Führung

Entwicklungen u. a.

- Umgang mit negativen Emotionen wie Ohnmacht, Wut, Versagensängsten…

… nicht „erlernt" in Ausbildung
… nicht „erwünscht" in unserer Arbeitswelt
… Zugang zu „Unbewusstem" schwierig

Entwicklungen u. a.

- Druck nimmt zu, Handlungsspielräume nehmen ab
- Orientierung, Kontrolle und Sicherheiten nehmen ab
- Eigene Entwicklungsrichtung unklarer
- Reflexion zu Eigen- und Fremdbild erschwert

„Lösungs" - Mechanismen, u. a.

- Druck weitergeben an Mitarbeiter
- Konflikte aushalten, negieren
- Job- oder Unternehmenswechsel
- innere Kündigung
- emotionaler Rückzug
- Austausch und Trainingsangebote nutzen

Abbildung 2: Spannungsfelder in der aktuellen Führungsrolle (Quelle: Eigene Darstellung).

Die Identifikation und Ausübung der Führungsrolle erfordert ein hohes Maß an emotionaler Intelligenz und Konfliktkompetenz. Mit Blick auf hohe Konfliktkosten in Unternehmen sowie ihres eigenen Führungsanspruches, müssen Führungskräfte sozial kompetent und auch ökonomisch handeln. Konfliktbewältigung in Unternehmen ist Führungsaufgabe. Sprenger sieht in „Konflikte entscheiden" eine Kernaufgabe von Führung, die entscheidungsbereit sein muss und erst „jenseits der Routine", also im Konfliktfall, wertvoll ist (Sprenger 2012: 148).

Eine Führungskraft muss sich mit Menschen auseinandersetzen können und wollen.

3.2.3 Entwicklung von Konfliktkompetenzen bei Führungskräften

Konfliktkompetenzen lassen sich auf mentaler, konzeptioneller und methodischer Ebene trainieren (Moritz 2008). Es sind Konfliktkompetenzen in folgenden Bereichen zu entwickeln:

- Wahrnehmungsfähigkeit – Konflikte frühzeitig erkennen und analysieren können
- Urteils- und Reflexionsfähigkeit – Eigenes Konfliktverhalten reflektieren
- Handlungsfähigkeit – Wirkungsvoller Umgang mit Konflikten

Fragestellungen wie *„Wie sieht mein eigenes Konfliktverhalten aus?“* oder *„Über welche methodischen und kommunikativen Werkzeuge zur Konfliktprävention verfüge ich?“* dienen der ehrlichen Bestandsaufnahme zur eigenen Konfliktkompetenz und sind unerlässlich, um gezielt Handlungsbedarfe für die weitere Entwicklung ausfindig zu machen (Gräbnitz 2014: 34 ff.). In Konfliktmanagementseminaren gehören mittlerweile Werkzeuge und Modelle wie das aktive Zuhören, die gewaltfreie Kommunikation nach M. Rosenberg oder auch eine gezielte Gesprächsführung mittels verschiedener Fragetechniken zum Standard. Führungskräfte sollten diese kennen und im Führungsalltag gezielt nutzen.

Die Kompetenzentwicklung kann aber nur nachhaltig gelingen, wenn die eigene Wahrnehmungs- und Reflexionsfähigkeit sowie Einfühlungsvermögen für mein Gegenüber geschult und kontinuierlich weiterentwickelt werden. „Doch dazu bedarf es einiger Voraussetzungen und eines guten Zugangs zu sich selbst, eine Art stetige Aufmerksamkeit über das eigene Denken und Fühlen.“ (Kriese 2009: 3).

3.2.4 Wertediskussion und der Umgang mit Emotionen und Unbewusstem

Eine Emotion entsteht, wenn wir das, was passiert, mit unseren Werten abgleichen. Werte sind Leitplanken für unser Verhalten und Handeln und dienen uns in Situationen und Ereignissen als Vergleichskriterien. Aus einer Werte-Verletzung oder einem Werte-Verlust resultieren die sogenannten Basisemotionen „Ärger“, „Trauer“ oder „Angst“. Eine Übereinstimmung von Werten oder eine

Werte-Erfüllung führt zu den Basisemotionen „Zuneigung“ oder „Freude“. Emotionen haben ihren Ursprung in unserem individuellen Wertesystem. Dieses erwerben wir von unseren Bezugspersonen im frühen Kindesalter und unsere Kernwerte bleiben auch sehr stabil und kontextübergreifend.

Das Problem daran ist, dass wir uns unserer Werte in aller Regel nicht bewusst sind, denn nur ca. 3% von uns können ihre Kernwerte eindeutig formulieren. Damit ist uns auch der Zusammenhang zwischen Werten, Werteverletzungen und den daraus resultierenden Emotionen häufig nicht klar. Wenn aber Emotionen ihren Ursprung in uns selber bzw. unserem Wertesystem haben, ist es sehr wichtig, auch Verantwortung für die eigenen Emotionen zu übernehmen. Emotionen, auch „Negative“, sind Kommunikationssignale und Entscheidungs- und Motivationsfaktoren und keine Störfaktoren für das vernünftige Denken.

Die Selbstverantwortung für Gefühle und das darunterliegende Wertesystem führen zu mehr emotionaler Freiheit, weniger Manipulierbarkeit und klarerer Kommunikation (Hornung 2018: 51 ff., 81 ff., 244). Bei Konflikten, die sich langanhaltend und immer wieder aufflammend zeigen, kann davon ausgegangen werden, dass Kernwerte verletzt wurden.

Daher ist es absolut empfehlenswert, seine eigenen, wichtigsten Wertvorstellungen zu (er)kennen und zu hinterfragen. Ansatzpunkte und Hilfestellungen kann neben der Recherche im Internet zu kostenlosen Analyseprogrammen, auch eine „Reise“ durch die eigene Biographie und wichtige Lebensereignisse liefern.

Werte sind individuell und „gleich-gültig“, d. h. auch mein Gegenüber hat seine berechtigten Werte. Offenheit ist ebenso wertvoll wie Verschwiegenheit, Wandel hat genauso seine Berechtigung wie Stabilität (Sprenger 2012: 162).

Die Grundhaltung einer Führungskraft sollte die eines „Landkartendenkers“ sein, der sich grundsätzlich bewusst ist, daß seine Landkarte weder objektiv noch vollständig sein kann und der davon ausgeht, dass verschiedene Sichtweisen in gleichem Maße valide sind (Schienle 2016: 14).

Um Kultur und Werte im Unternehmen mess- und damit überhaupt einmal greifbar zu machen, wurde von Richard Barrett das „Cultural Transformation Tool“ (CTT) entwickelt. Laut Barett sind Werte der Dreh- und Angelpunkt für raschen und tragfähigen Wandel, da sie die Bedürfnisse der Menschen sichtbar machen. Mit dem Tool lässt sich die gegenwärtige und die gewünschte Soll-Kultur analysieren. Es ermöglicht konkrete Handlungsanleitungen, um Werte nachhaltig in Organisationen zu verankern (Bokler 2015: 7).

Unreflektierte, z. T. übernommene Überzeugungen und Ängste bilden einen unbewussten Anteil in Konflikten, der sich auch im Wirtschaftsleben deutlich zeigt. Neben der Auseinandersetzung mit den eigenen Kernwerten ist es auch notwendig, sich seiner Glaubenssätze und Denkmuster bewusst zu werden, diese zu hinterfragen und gegebenenfalls zu verändern. Dafür ist es empfehlenswert, seinen Reflexionsprozess durch einen erfahrenen Führungskräftecoach begleiten zu lassen.

3.2.5 Früherkennung und Prävention

Der richtige Umgang mit Konflikten beginnt mit dem Erkennen und Vermeiden der Eskalation, d. h. auch konfliktbegünstigende Faktoren möglichst früh wahrzunehmen und entsprechend zu handeln. In Abbildung 3 ist eine Auswahl von Ursachen und präventiven Ansätzen beispielhaft formuliert. So ist zukünftig auch das sich verändernde Rollenverständnis einer Führungskraft, z. B. in agil arbeitenden Organisationen, stärker zu thematisieren und zu kommunizieren. Es ist notwendig, dass Veränderungssituationen konsequent durch die Führungskräfte begleitet werden. Das Thema Konflikte und Konfliktmanagement muss auf die Tagesordnung des Führungskreises einer Organistion.

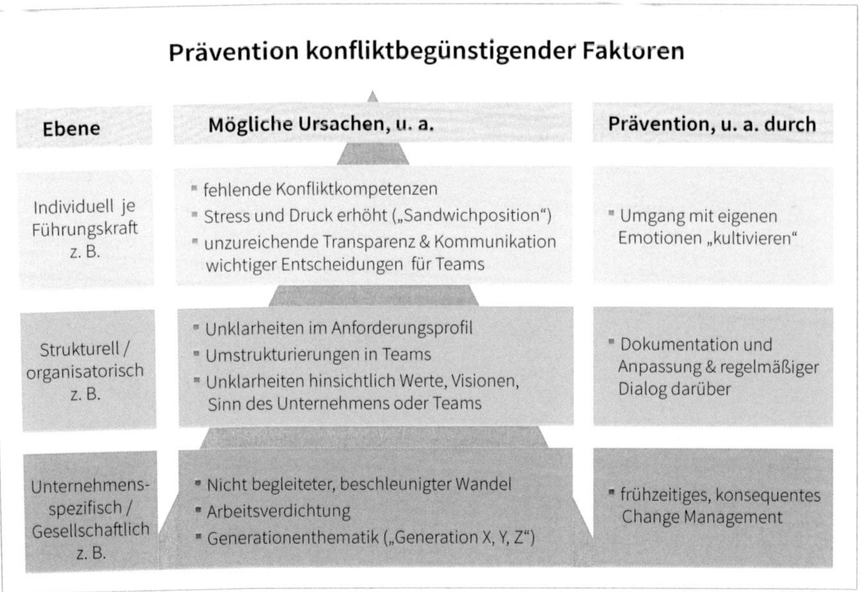

Abbildung 3: Prävention konfliktbegünstigender Faktoren (Quelle: Eigene Darstellung).

4 Zusammenfassung und Ausblick

4.1 Fazit und kritische Würdigung

Nach dem Ansatz „circle of influence“ nach R. Covey empfiehlt es sich, zunächst mit den Inhalten zu beginnen, die im eigenen Einflussbereich liegen, bevor in Richtung Strukturaufbau (Konfliktmanagementsystem) gedacht und gearbeitet wird. Beim Aufbau von Konfliktkompetenzen steht neben dem Erwerb von Methoden- und Modellwissen, vor allem die Weiterentwicklung der inneren Haltung zu Konflikten sowie das Selbstmanagement der Führungskräfte und hierbei insbesondere der Umgang mit Emotionen im Fokus (siehe Abbildung 4).

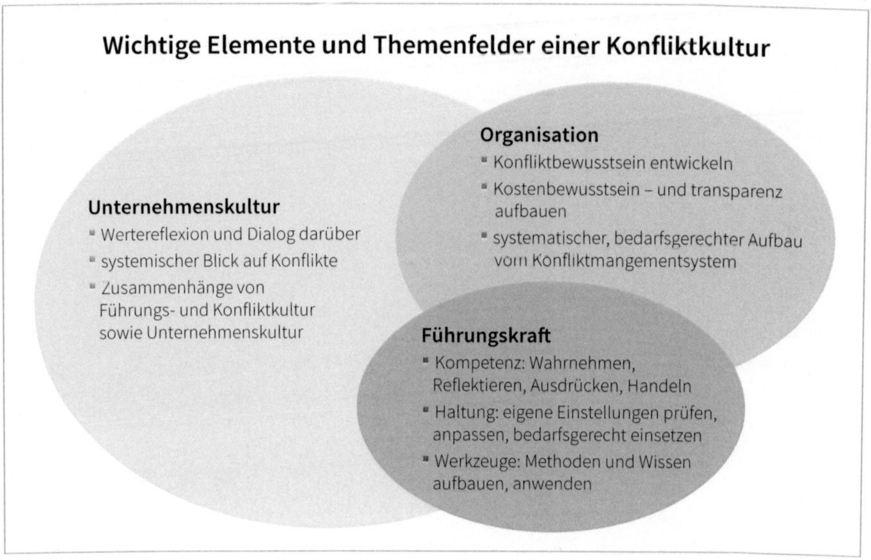

Abbildung 4: Wichtige Elemente und Themenfelder einer Konfliktkultur (Quelle: Eigene Darstellung).

Konfliktprävention ist Managementaufgabe. Der „Samen“ für eine sich entwickelnde Konfliktkultur wird durch die Führungskraft mit ihrer eigener Bewusstseinsbildung und Selbstreflektion gelegt.

Die Unternehmenskultur hat Einfluss auf den wirtschaftlichen Erfolg eines Unternehmens. Unerlässlich ist es, die Zusammenhänge zwischen Führungs- und Konfliktkultur und Unternehmenskultur zu betrachten. Wichtig ist die Haltung einer Führungskraft im Hinblick auf Authentizität ihrer Werte und Transparenz in ihrem Handeln. Erst dadurch kann auch die innere Haltung der Mitarbeiter positiv verändert werden (Harvard 2010).

Die Auseinandersetzung mit eigenen Überzeugungen, Emotionen und darunterliegenden Werten bietet die Chance zur eigenen Weiterentwicklung. Damit wird ein stetiger, ehrlicher Prozess angestoßen, der nicht mit einer Seminarteilnahme zum Thema Konfliktmanagement abgeschlossen ist. Hindernisse auf dem Weg zu einer Konfliktkultur können sich aus verschiedenen Aspekten in der Organisation ergeben. Werden Konfliktkosten nicht transparent gemacht, besteht häufig kein Anlass, sich mit dem Thema zu befassen. Es bleibt eine eher unterschätze Aufgabe und wird als „weiches“ Thema vernachlässigt. Konflikte zu haben und anzugehen, wird oft auch negativ assoziiert und bringt unter Umständen die Schuldfrage auf, womit Offenheit und Dialogbereitschaft erschwert werden. Fehlen in der Organisation wichtige Grundvoraussetzungen wie zum Beispiel Transparenz und Veränderungsbereitschaft wird auch das Thema Konfliktmanagement wahrscheinlich schwieriger voranzubringen sein. Der Bereich „Selbstmanagement“ erfordert Tiefgang und Ehrlichkeit. Er setzt eine gewisse Bereitwilligkeit voraus, sich als Person und Führungskraft zu hinterfragen. Fehlt diese Bereitschaft, wird der eigene Konfliktanteil nicht wahrgenommen und damit werden Lösungen schwieriger. Es können sich auch „innere“ Spannungsfelder ergeben. Auf der einen Seite will die Führungskraft Führungsstärke zeigen, auf der anderen Seite sind eigene Schwächen bzw. Entwicklungsfelder offensichtlich. Aus Mitarbeiter- und Führungskräftesicht bewirkt die Weiterentwicklung der Konfliktkultur Positives. Neue Perspektiven werden sichtbar und die eigene Persönlichkeit wird gestärkt, da Probleme bewusst gemacht und gelöst werden. Auch die gemeinsame Zusammenarbeit wird durch nachhaltige Lösungen gefestigt und verbessert, Arbeitszufriedenheit und Motivation wird erhöht und die Bindung an das Unternehmen wird gestärkt. Positive Effekte aus Unternehmenssicht sind in reduzierten, dysfunktionalen Konfliktkosten, z. B. in geringeren Krankenständen oder Gerichtskosten, zu erwarten. Auch eine hohe Personalfluktuation, in Zeiten vom Fachkräftemangel durchaus bedeutsam, wird reduziert.

4.2 Ausblick

Die fortschreitende Digitalisierung und Globalisierung werden weitere Auswirkungen auf bislang gültige Paradigmen des mittleren Managements haben. Führungskräfte müssen davon ausgehen, dass die gestellten Anforderungen an sie gesamthaft zunehmen, es zu Rollen- und Kompetenzverschiebungen kommen wird (Hollenstein 2017: 22). In der agilen Organisationsentwicklung, z. B. mit „Scrum“, gibt es einen starken Fokus auf die Themen Kundenorientierung, Arbeit in multidisziplinären Teams, Eigenverantwortung, Reflektion, Selbstorganisation. Auch in diesen Teams sind umfangreiche Konfliktkompetenzen notwendig, um die „Scrum Werte“ wie Offenheit und Respekt nachhaltig auszufüllen. Mit der richtigen Haltung, ausgeprägter emotionaler Selbstverantwortung der Führungskräfte und den passenden Ansätzen zur Konfliktvermeidung und -bewältigung werden Unternehmen, die sich mit ihren Problemen, Fehlern und Konflikten frühzeitig und effektiv auseinandersetzen, entscheidende Vorteile für die Zukunft haben (Faller 2018: 117).

5 Literatur

Bokler, Andrea / Dipper, Michael (2015): Changemanagement mit Cultural Transformation tools. Unternehmenskultur über Werte entwickeln. Wiesbaden. Springer Gabler Verlag.

Bruns, Kerstin (2013): Konfliktkompetenz – ein Muss im Führungsalltag. Arbeitsbericht Nr.12. Lehrstuhl für Produktionswirtschaft Ruhr Universität Bochum.

Faller, Dorothea / Faller, Kurt (2018): Achtsames Management. Führungskompetenzen in Zeiten hoher Komplexität. Frankfurt / Main. Wolfgang Metzner Verlag.

Gräbnitz, Viola (2014): Konfliktkompetenz in der Führungsrolle. In: Die Wirtschaftsmediation. 04 / 2014, S. 34–37.

Havard Business Manager (2010): Unternehmenskultur? Heft 1 / 2010. Online abrufbar unter: http://www.harvardbusinessmanager.de/heft/artikel/a-668244.html (abgerufen am 09.08.2019).

Hollenstein, Sandra (2017): Führungskräfte 4.0 – Mitarbeiterführung und veränderte Kompetenzanforderungen im digitalen Zeitalter. FHS St. Gallen. Master Thesis.

Hornung, Markus (2018): Der Abschied von der Sachlichkeit. Wie Sie mit Emotionen tatsächlich für Bewegung sorgen. Göttingen. Business Village GmbH.

IKuF (2018): Die 4 Irrtümer zum Konfliktmanagement im Unternehmen (Podcast). Online abrufbar unter: https://www.youtube.com/watch?v=c9Khk-8NZJU

KPMG AG (2009): Konfliktkostenstudie – Die Kosten von Reibungsverlusten in Industrieunternehmen. Berlin. Online abrufbar unter: http://www.kpmg.de/Themen/11479.asp (abgerufen am 12.09.2019).

Kriese, Hartmut (2009): Konfliktkultur – ein Schlüssel für erfolgreiches Projektmanagement. In: Becker, Lutz / Erhardt, Johannes / Gora, Walter / Schweikert, Felix A.(Hg.): Führen in der Krise. Unternehmens- und Projektführung in schwierigen Situationen. Düsseldorf: Symposium.

Moritz, Andre (2018): Konfliktkompetenz als Soft Skill im Soft Skills Würfel von André Moritz. Online abrufbar unter: https://www.soft-skills.com/konfliktkompetenz/ (abgerufen am 09.08.2019).

Schienle, Werner / Steinborn, Andreas (2016): Psychologisches Konfliktmanagement. Professionelles Handwerkszeug für Fach- und Führungskräfte. Wiesbaden. Springer Verlag.

Sprenger, Reinhard (2012): Radikal führen. Frankfurt / New York. Campus Verlag.

Christin Höpfel studierte Wirtschaft und war viele Jahre in einem Nahrungsmittelkonzern tätig. Ihr berufliches Engagement galt vor allem dem Bereich der kontinuierlichen Weiterentwicklung von Prozessen, Produkten und Teams. Die Weiterbildung zur Wirtschaftsmediatorin (Steinbeis) bereicherte ihre langjährige Führungserfahrung. Seitdem entwickelt sie u. a. auch spezielle Trainingsangebote für Führungskräfte mit Fokus auf den Aufbau von Konfliktkompetenzen.

Mediation in der Politik

Jürgen Staupe

Mediation in der Politik wird in Deutschland eher selten zur Konfliktlösung eingesetzt, besitzt aber angesichts begrenzter Problemlösungsfähigkeit der Politik ein weites, „schlummerndes" Anwendungspotenzial. Die eingespielten Konfliktlösungsmechanismen der Politik führen nicht selten zu keiner wirklichen Befriedung. Jenseits der ganz großen ideologischen Konfliktlinien kann Mediation etwa bei Struktur-, Organisations- und Verfahrensfragen oder bei Konflikten im Umgang der Akteure untereinander praktikable Hilfen zur politischen Konfliktlösung anbieten. Um Mediation in der Politik aus seinem Schattendasein herauszuführen, könnte es lohnend sein, eine Strategie für Mediationsmarketing und Akquisition zu entwickeln, zu der neben Publikationen, Veranstaltungen und Networking auch gehören sollte, unter Medienvertretern stärkeres Interesse für das Thema Mediation in der Politik zu wecken und diese dann dafür zu gewinnen.

1 Einleitung

Bekannte Einsatzbereiche für Mediation sind z. B. Familienmediation oder Wirtschaftsmediation, Schulmediation, Mediation im Gesundheitsbereich, im Versicherungswesen oder beim Täter-Opfer-Ausgleich (Duve, Eidenmüller, Hacke 2011: 85). Mediation in der Politik wird dagegen kaum als ein klassisches Feld von Mediation erwähnt. Das ist insoweit bemerkenswert, als Konflikte im Bereich der Politik nahezu unbegrenzt auftreten – in vielfältigster Form im internationalen Bereich, sei es in Form von territorialen Auseinandersetzungen (z. B. Ukraine), Bürgerkriegen (z. B. Syrien) oder Terrorismus (z. B. Al-Kaida, IS). Auch nichtkriegerische, teils von Gewalt begleitete internationale Problemlagen sind oft hochgradig konfliktbehaftet, wie etwa die Finanzkrise Griechenlands, die Flüchtlingskrise oder die vielfältigen Auseinandersetzungen innerhalb der EU bis hin zum sogenannten „Brexit". Auch im nationalen Bereich gibt es politische Konflikte aller Art auf Bundes- und Landesebene (z. B. zur Einführung der Inklusion, Wiederabschaffung von G8 in der Schule, Neuregelung der Grundsteuer oder Abschaffung des Länderfinanzausgleichs, dazu ausführlich Glinka, Lenk

2016: 49 ff). Auch im kommunalen Bereich treten politische Konflikte häufig auf, etwa bei der Abfallbeseitigung, den Kosten des ÖPNV, dem Schulhausbau oder bei Hausbesetzungen. Die verschiedenen föderalen Ebenen sind dabei nicht immer klar voneinander zu trennen. Zum Teil handelt es sich um Gemeinschaftsprojekte wie etwa Planung und Bau des Flughafens BER, woran neben den Ländern Berlin und Brandenburg auch der Bund beteiligt ist. Auch an vordergründig kommunalen Infrastrukturprojekten wie etwa dem Bau des Bahnhofs „Stuttgart 21" ist neben dem Land Baden-Württemberg auch die Deutsche Bahn AG maßgeblich beteiligt, so dass dieser Konflikt weit über den kommunalen und den Landesbereich hinausgeht.

Obwohl Politik und Konflikte offenbar untrennbar zusammengehören und Politik ohne Konflikte kaum denkbar ist, wird hier Mediation bisher eher selten angewandt. In gängigen Lehrbüchern finden sich kaum Passagen, die sich mit den Möglichkeiten und Grenzen der Mediation in der Politik befassen. In der täglichen Politikberichterstattung kommt die Mediation kaum vor, es finden sich kaum praktische Beispiele.

Welche Einsatzbereiche bieten sich für Mediation in der Politik an? Gibt es besondere Randbedingungen für Mediation in der Politik? Was steht der Durchführung von Mediationsverfahren entgegen? Gibt es andererseits besonderen Chancen, die sich für die Mediation im Bereich der Politik bieten könnten? Was ist bei Mediation in der Politik besonders zu beachten?

Politik wird in der Literatur auch als „öffentliches Konfliktmanagement" bezeichnet (https://www.umweltmediation.info). Dabei sind oft Konflikte im Umweltbereich gemeint, so dass man auch von „Umweltmediation" sprechen kann. Sobald vom Bereich „Politik und Verwaltung" die Rede ist, werden dort konkret Standortfragen, Raum- und Landschaftsplanung mit Umweltverträglichkeitsprüfung oder der ÖPNV sowie integrierte Verkehrskonzepte als Beispiele genannt. Ein möglicher Einsatzbereich ist „Mediation in Planen und Bauen". Zu denken ist etwa an die Konfliktbewältigung bei Anwendung gesetzlich vorgeschriebener **Bürger- und Öffentlichkeitsbeteiligung** in verwaltungsrechtlichen Genehmigungs- oder Planfeststellungsverfahren (vgl. etwa § 9 des Gesetzes über die Umweltverträglichkeitsprüfung – UVPG – oder § 51 des Bundes-Immissionsschutzgesetzes zur Anhörung beteiligter Kreise). Die Beteiligung betroffener Bürger bzw. der Öffentlichkeit ist häufig gesetzlich vorgeschrieben. Bürgerbeteiligung stellt ein partizipatives Element im Verwaltungsverfahren dar, z. B. bei Planfeststellungsverfahren zu größeren Infrastrukturprojekten (vgl. Bundesverband Mediation). In der Regel stehen sich hier manifeste Interessensgegensätze der Beteiligten gegenüber (Vorhabenträger, Planfeststellungsbehörde, Betroffene oder Natur- und Umweltschutzverbände). Die genannten Beteiligten begegnen sich hier nicht wirklich auf Augenhöhe. Die angewandten Beteiligungsverfahren stellen keine Mediationsverfahren dar, sondern relativ starre rechtlich regulierte Verwaltungsverfahren zur Vorbereitung behördlicher Entscheidungen. Freilich kann dies zur Vermeidung größerer Konflikte durch frühzeitige Partizipation eines großen Kreises von Betroffenen dienen. Insoweit kann man von einer präventiven Form der Bürgerbeteiligung sprechen, deren Ziel es ist, frühzeitig Konfliktpotenziale zu identifizieren und im Verwaltungsverfahren die entsprechenden Interessenkonstellationen zu berücksichtigen und soweit möglich auszugleichen. Am Ende des Verfahrens steht eine hoheitliche Behördenentscheidung, meist in Form eines Planfeststellungsbeschlusses, einer Plangenehmigung oder eines sonstigen Verwaltungsaktes. Eine solche autoritative Entscheidung ergeht auch dann, wenn es nicht gelungen ist, einen umfassenden Konsens aller Beteiligten herbeizuführen, was der Regelfall sein dürfte. Die Verfahren führen somit häufig nicht zur Befriedung der Betroffenen.

2 Politikinterne Instrumente der Konfliktbereinigung

Politische Prozesse kennen viele **Akteure**: Politiker, Parteien, Parlamente (Bundestag und Landtage), Abgeordnete von Bundestag und Landtagen, Fraktionen, Regierung und Opposition, Koalitionspartner, Bundesrat sowie kommunale Gremien (z. B. Gemeinderäte). Hinzu kommen auf internationaler Ebene etwa die Vereinten Nationen und Gremien der EU. Für die Möglichkeit internationaler Mediation in der Politik können als klassisches Beispiel die ägyptisch-israelischen Friedensverhandlungen in Camp David 1978 genannt werden, die von der Universität Harvard begleitet wurden. Erstmals und mit Erfolg versuchte man, mit wissenschaftlicher Begleitung hinter die vordergründigen Positionen zu schauen und nach den dahinter stehenden eigentlichen Interessen der Streitbeteiligten zu suchen (Fisher, Ury, Patton 1981: 77 ff. Zu weiteren Beispielen erfolgreicher Mediation im internationalen Bereich vgl. Duve, Eidenmüller, Hacke 2011: 103).

Eine andere Verfahrensart der Konfliktbewältigung ist in politiknahen Bereichen eingeführt: die **Schlichtung**. Sie ist traditionell seit Jahrzehnten bei Tarifstreitigkeiten ein beliebtes Instrument der Streitbeilegung (Duve, Eidenmüller, Hacke 2011: 54). Auch beim Streit um das Infrastrukturprojekt Stuttgart 21 wurde mit dem früheren CDU-Generalsekretär Heiner Geißler ein Schlichter eingesetzt (Nauke 2015). Im Unterschied zur Mediation ist hier die Person des Schlichters von entscheidender Bedeutung. Der Schlichterspruch bezieht seine Autorität zu einem Großteil aus dessen Persönlichkeit und Akzeptanz, nicht so sehr aus dem Prozess und der Beteiligung der streitenden Parteien. In den häufig unter großem wirtschaftlichem und zeitlichem Druck stehenden Konfliktsituationen wird oft ein rascher Schlichterspruch einem gründlichen Mediationsverfahren vorgezogen.

Eine der ersten, wenn nicht überhaupt die **erste Mediation in der Politik** in Deutschland fand 2016 statt. Der Mediator Gernot Barth wurde zum Konflikt der baden-württembergischen Partei „Alternative für Deutschland" (AfD) hinzugezogen (Patzelt 2017: 34 f.). An diesem Konflikt waren auf Landesebene eine bzw. nach der Spaltung zwei Fraktionen unmittelbar beteiligt

Man könnte der Ansicht sein, Mediation sei in der Politik deshalb entbehrlich, weil es genügend andere Instrumente der Konfliktbeilegung gibt. In der Tat findet sich eine ganze Reihe von **klassischen Instrumenten der politischen Konfliktbehandlung**.

Dazu gehören z. B. **Kabinettsitzungen**. Sie finden wöchentlich statt unter der Leitung des jeweiligen Regierungschefs (Bundeskanzlerin, Ministerpräsident) mit den Ministern, zum Teil dürfen die Fraktionsvorsitzenden der Koalitionspartner teilnehmen. Kabinettsitzungen eigenen sich, in kurzer Abfolge strittige politische Themen einer Klärung zuzuführen, häufig am Ende einvernehmlich und nicht selten unter Druck des Regierungschefs, teils aber auch durch im Koalitionsvertrag festgelegte Verfahrenskompromisse wie z. B. Enthaltung im Bundesrat bei nicht geeinten Fragen innerhalb einer Koalition.

Im Gegensatz zu den regelmäßigen wöchentlich stattfindenden Kabinettsitzungen ist der **Koalitionsausschuss** ein Instrument zur Ausräumung größerer politischer Konflikte. Definitionsgemäß ist er Koalitionsregierungen vorbehalten, die im Bund als auch in allen Ländern gängige Regierungspraxis darstellen.

In ihm sind die Partei-, Regierungs- und Fraktionsspitzen vertreten. Koalitionsausschüsse treten nur zur Lösung besonders bedeutsamer Konflikte auf Verlangen mindestens einer der Koalitionspartner zusammen und tagen daher nur wenige Male pro Jahr. Gelingt eine Einigung nicht, so steht im äußersten Fall die Koalition auf der Kippe, daher besteht ein starker faktisch-politischer Einigungszwang (Rudzio 2008: 11 f.).

Die Sitzungen des Parlamentsplenums werden auf Bundes- wie auf Landesebene (Bundestag, Landtage) durch **Arbeitskreise** der verschiedenen Fraktionen und daran anschließend durch die **Ausschüsse** vorberaten und vorbereitet. Sowohl die fraktionsinternen Arbeitskreise als auch die Ausschüsse tagen unter Beteiligung der eingeladenen Regierungsvertreter, d. h. der Minister und Staatssekretäre, Vertreter der sog. „Arbeitsebene“ können hinzugezogen werden. In diesen Gremiensitzungen werden streitige inhaltliche wie auch Verfahrensfragen erörtert, seltener personelle. Hier funktioniert das Mehrheitsprinzip als maßgebliches formales Konfliktbeendigungsinstrument, das zeitnahe Entscheidungen herbeiführen kann – häufig aber nicht Konfliktlösungen im Sinne eines wirklichen Konsenses.

Der **Vermittlungsausschuss** (VA) nach Art. 77 Abs. 2 GG ist ein Gremium, das seine Existenz dem im Grundgesetz geregelten Zusammenwirken von Bundestag und Bundesrat bei der Gesetzgebung verdankt (Art. 76 ff. GG). Die vom Bundesrat entsandten Mitglieder sind an Weisungen nicht gebunden (Art. 77 Absatz 2 Satz 3 GG), was der Erreichung von Kompromissen dienen soll. Der Anrufung geht stets ein politischer Konflikt voraus zwischen Bundestagsmehrheit, die das Gesetz beschlossen hat, und dem die Länderregierungen repräsentierenden Bundesrat. Regelmäßig sind die politischen Mehrheitsverhältnisse im Bund und in den 16 Ländern inkongruent, politische Meinungsverschiedenheiten sind vorprogrammiert. Für die Lösung derartiger Konflikte wurde der VA eingerichtet. Dieser kommt in aller Regel zu einvernehmlichen Ergebnissen, meist im Wege politischer „Deals“. Die Tagesordnung ist meist umfangreich, was es ermöglicht, auch über die jeweiligen Einzelkonflikte hinaus Paketlösungen zu schnüren – böse Zungen sprechen auch vom „türkischen Basar“. Am Ende steht für die Beteiligten ein Ergebnis, das nicht immer als ein echter sachlicher Konsens bezeichnet werden kann (Ismayr 2001: 288 ff., 322).

Der **Geschäftsordnungsausschuss des Deutschen Bundestages** stand kurz vor der Bundestagswahl im September 2017 im Blickpunkt wegen eines ungewöhnlichen Konflikts. Der Bundestagspräsident Lammert beabsichtigte, mit der Tradition zu brechen, stets den nach Lebensjahren ältesten Abgeordneten die Eröffnungsrede zum neu gewählten Bundestag halten zu lassen – so die bisherige in der Geschäftsordnung festgeschriebene Übung. Stattdessen sollte um die Rede eines AfD-Abgeordneten zu verhindern, der dienstälteste Bundestagsabgeordnete die Rede halten. Dies hätte eine Änderung der Geschäftsordnung des Bundestages erforderlich gemacht. Mit dem – umstrittenen – Anliegen des Bundestagspräsidenten und der Lösung des Konflikts musste sich der Geschäftsordnungsausschuss befassen (Tagesspiegel 2017: 6).

Der **Ältestenrat des Deutschen Bundestages** behandelt ebenfalls Geschäftsordnungsfragen. Er setzt sich aus Vertretern der Fraktionen zusammen und wird vom Bundestagspräsidenten geleitet. Berufen werden nicht zwangsläufig die ältesten Abgeordneten, in der Regel aber erfahrene Parlamentarier. Der Ältestenrat räumt in der parlamentarischen Praxis Konflikte aus, die den Ablauf der Bundestagssitzungen betreffen, u. a. schlägt er auch nach einer Bundestagswahl die neue – nicht selten strittige – Sitzordnung der Fraktionen vor. Auf Länderebene sind entsprechende Ausschüsse der Landtage eingerichtet.

Ein wichtiges Koordinierungs- und Konfliktbereinigungsinstrument sind die verschiedenen **Ministerkonferenzen**. Diese bestehen für alle Politikbereiche, z. B. Innenministerkonferenz (IMK), Kultusministerkonferenz (KMK) oder Agrarministerkonferenz (AMK). Das höchste Gremium dieser Art ist die Ministerpräsidentenkonferenz (MPK). Allen diesen Gremien vorgeschaltet sind vorbereitende Konferenzen, etwa die Amtschefkonferenzen der Staatssekretäre. Diese dienen nicht zuletzt dem Versuch, im Vorfeld der Ministerkonferenzen bestehende Konflikte so weit wie möglich auszuräumen und auf die „Grüne Liste" der geeinten Tagesordnungspunkte zu bringen (auch „Block" genannt, weil diese Punkte nicht mehr diskutiert werden müssen und zur Beschleunigung „im Block" abgestimmt werden können). Den Amtschefkonferenzen wiederum gehen Vorklärungen in Arbeitskreisen, Ausschüssen sowie insbesondere der sog. A- und B-Runden der CDU- bzw. SPD-regierten Ressorts auf Amtschef- wie auf Ministerebene voraus.

Daneben gibt es informelle **Spitzentreffen** verschiedenster Art, häufig in kleinen Verhandlungsrunden, auf denen Probleme besprochen und gelöst werden können (sog. „Kränzchen“; Glinka, Lenk 2016: 50). Dabei kann es sich um Treffen bestimmter Flügel mehrerer Parteien oder Fraktionen handeln (z. B. der sog. Seeheimer Kreis konservativer SPD-Mitglieder), aber auch um partei- und fraktionsübergreifende Treffen von Abgeordneten. Auch in derartigen kleineren, nicht selten hochrangigen und einflussreichen Verhandlungsrunden können Konflikte ausgeräumt und Kompromisslösungen gefunden werden.

Gemeinsam ist all diesen **politikinternen Instrumenten**, dass sie unter ausschließlicher Beteiligung politischer Akteure ohne Beteiligung Außenstehender, etwa Schlichter, Mediatoren, Rechtsanwälte, Richter o. ä., stattfinden. Nicht selten werden politische „Deals“ gemacht, d. h. Lösungen von Streit- und Konfliktpunkten werden nicht ausschließlich sachbezogen in den Einzelkonflikten gesucht und gefunden, sondern häufig auch themenübergreifend als politische Paketlösungen, bei denen ein politisches Geben und Nehmen stattfindet. Es liegt auf der Hand, dass hier rein sachbezogene Lösungen nicht selten zu kurz kommen, wenn inhaltliche Probleme mit taktischen oder strategischen Fragen verknüpft werden. Diese können etwa parteipolitisch motiviert sein, einen bestimmten Regionalbezug aufweisen, kurzfristig wahltaktisch oder durch Verknüpfung mit Personalfragen motiviert sein. Nicht zuletzt kann es um schlichte Machtfragen gehen. Diese vielfältigen Interessenlagen sind für außenstehende Dritte oft gar nicht erkenn-, über- oder durchschaubar. Da auch die Motive für bestimmte Positionierungen nicht oder zumindest nicht vollständig offengelegt werden müssen, erscheinen Lösungshilfen durch außenstehende Dritte zumindest schwierig.

3 Externe Instrumente zur Konfliktbereinigung

Neben den internen gibt es eine Reihe **externer Instrumente** der Konfliktbereinigung, d. h. solche unter Beteiligung Außenstehender. Diese sind überwiegend im höherrangigen Recht angelegt, etwa im Grundgesetz für die Bundesrepublik Deutschland (GG), in den Landesverfassungen, aber auch im supranationalen Recht wie z. B. dem EU-Recht. Mit ihnen findet gleichzeitig eine Delegation der Konfliktlösung statt (zur Delegation an Dritte vgl. Duve, Eidenmüller, Hacke 2011: 53 ff).

In Art. 93 GG werden bestimmte politische Konflikte zur Lösung einer gerichtlichen Instanz, nämlich dem **Bundesverfassungsgericht** (BVerfG) zugewiesen. Dem Aufgabenkatalog für das BVerfG in Art. 93 GG ist zu entnehmen, dass die Väter und Mütter des GG die Konflikthaftigkeit politscher Entscheidungsprozesse nicht nur gesehen und verstanden haben, sondern für eine Reihe von Fällen bereits Lösungswege vorgezeichnet haben. Ohne auf die verschiedenen Verfahrensarten näher einzugehen, ist auffällig, dass in Art. 93 GG von „Streitigkeiten" und „Meinungsverschiedenheiten" die Rede ist, deren Klärung dem BVerfG zugewiesen werden. Zwar ist Voraussetzung für die Einleitung eines Normenkontrollverfahrens ein (zumindest behaupteter) Verstoß gegen Verfassungsrecht, doch ist es eine Binsenweisheit, dass derartige rechtliche Verfahren zumeist nichts anderes sind als die Fortsetzung der Politik mit anderen (hier: rechtlichen) Mitteln (SPIEGEL 1983). Die **Landesverfassungsgerichte** sind ein analoges Instrument auf Landesebene, auf EU-Ebene der **Europäische Gerichtshof** (Art. 258 AEU-Vertrag).

Eine ganz anders geartete Verlagerung politischer Konflikte auf Externe findet regelmäßig durch die Einschaltung **wissenschaftlicher Politikberatung** statt. Diese kann fest institutionalisiert sein, wie z. B. durch die Einrichtung kontinuierlich befasster Gremien (z. B. Sachverständigenrat zur Begutachtung der gesamtwirtschaftlichen Entwicklung, bekannt als „Die Fünf Wirtschaftsweisen", oder Sachverständigenrat für Umweltfragen). Diese Räte erstatten in regelmäßigen Abständen Gutachten in ihrem Themenbereich. Daneben kann auch im Einzelfall eine Beauftragung von Sachverständigen und Gutachtern erfolgen. Auf diesem Weg der Politik werden problematische oder umstrittene Fragen auf die wissenschaftliche Ebene gebracht, was von den politischen Akteuren nicht selten benutzt wird, um Konflikte unter dem Deckmantel wissenschaftlicher (Auftrags-) Gutachten mindestens zu beeinflussen, im günstigsten Fall der gewünschten Lösung zuzuführen. Im Gegensatz zu den Konfliktlösungsmöglichkeiten durch Gerichte besteht die Besonderheit wissenschaftlicher Politikberatung darin, dass sie naturgemäß nur beratend und ohne Entscheidungsbefugnis tätig wird. Das bedeutet aber keineswegs, dass sie ohne Einfluss wäre (Glinka, Lenk 2016: 49 ff.). Nicht selten werden sie zum Zweck der Stützung und Durchsetzung der eigenen Auffassung sowie strategisch zur Stärkung der eigenen politischen Machtposition eingesetzt. Während Gerichte zur autoritativen Entscheidung ermächtigt sind und insoweit als „hartes“ Instrument bezeichnet werden können, stellt die Einbeziehung wissenschaftlicher Kompetenz ein „weiches“ Instrument ohne explizite Entscheidungsmacht dar, das gleichwohl erhebliches Gewicht besitzen kann.

4 Hindernisse und Chancen für Mediation in der Politik

Gemeinsam ist den genannten **externen Instrumenten der Konfliktbewältigung**, dass hier außenstehende Dritte an der Lösung politischer Konflikte beteiligt werden. Diese eingeführten Instrumente werden in der politischen Praxis seit Jahrzehnten angewandt. Dabei genießen die Entscheidungen des Bundesverfassungsgerichts in der politischen wie medialen Öffentlichkeit außergewöhnlich hohen Respekt und Akzeptanz bei der Lösung von Konflikten. Vor diesem Hintergrund stellt sich die Frage, ob und inwieweit in der Politik für das – vergleichsweise neuere – Instrument der Mediation überhaupt Raum ist und es sinnvoll eingesetzt werden kann. Von besonderem Interesse ist die Frage, welche **besonderen Randbedingungen** bestehen, aber auch welche **Chancen** sich für den Einsatz des Instrumentariums der Mediation in der Politik eröffnen.

Den Abgeordneten des Bundestages wie auch denen der Landtage ist **verfassungsrechtliche Unabhängigkeit** garantiert. Sie sind in ihrer Meinungsbildung und in ihren Entscheidungen frei und keinerlei Weisungen unterworfen (vgl. Art. 38 Abs. 1 Satz 2 GG). Die Unabhängigkeit der Abgeordneten ist ein wichtiges Gut, um Partei- und Fraktionszwängen entgegenzuwirken, die andererseits dem Abschluss von Vereinbarungen entgegenstehen kann. Auch wenn solche zunächst freiwillig sind, können sie doch zu einer ggf. längerfristigen Bindung der Abgeordneten führen. Vereinbarungen jeglicher Art können die Unabhängigkeit der Abgeordneten einschränken oder sie sogar konterkarieren. Selbst wenn eine solche Einschränkung tatsächlich nicht bestehen sollte, etwa weil Vereinbarungen ggf. auch widerrufen werden können, kann sie doch von dem einzelnen Abgeordneten subjektiv als einschränkende Bindung empfunden werden und zumindest eine „gefühlte“ Beeinträchtigung darstellen.

Der freien Entscheidung von Abgeordneten können auch Absprachen zur **Vertraulichkeit und Diskretion**, wie sie im Rahmen einer Mediation üblich sind, zuwiderlaufen. Auch wenn sich die Vertraulichkeitsverpflichtung zuallererst auf den Mediator bezieht, so wird diese nicht selten auch zwischen den Medianden vereinbart, weil sie für unabdingbar für ein offenes Mediationsverfahren betrachtet wird. Dagegen ist der politische Prozess seiner Natur nach auf **öffentlichen Wettstreit und die Auseinandersetzung** um die besseren Argumente und Positionen ausgerichtet. Politik findet im öffentlichen Raum statt. Sie ist wahlrelevant und auf Konkurrenz ausgerichtet. Parteien und Politiker wollen gewählt oder wiedergewählt werden. Dazu ist es erforderlich, ihre Positionen und Auffassungen in der Öffentlichkeit und damit gegenüber dem Wähler darzustellen. Dieses Spannungsverhältnis führt naturgemäß dazu, dass ein elementares Interesse der Akteure (z. B. Parteien, Fraktionen, Regierungen, einzelne Politiker) besteht, den Ausgang eines Konflikts als eigenen politischen Erfolg und/oder als Niederlage des Gegners – ob real oder nur herbeigeredet – publik zu machen und entsprechend „auszuschlachten“, um im politischen Wettstreit zu punkten. Dies gilt im Übrigen nicht nur für Auseinandersetzungen mit dem politischen Gegner, sondern auch innerhalb des eigenen politischen Lagers. Hier wird um Positionen und eine möglichst positive Wahrnehmung auch in der eigenen Partei oder Fraktion gerungen. Obwohl es im politischen Prozess tagtäglich persönliche und politische Absprachen sowie geheim gehaltene Gespräche, Abstimmungen und Vorklärungen zu Sachfragen, aber auch zu Personalien gibt, sind diskrete Lösungen sind dem politischen Prozess zumindest in weiten Teilen eher fremd.

Nicht selten ist das Vertreten von Sachpositionen zugleich auch mit **persönlichen Motiven der Akteure** verquickt. Schließlich geht es gerade auch innerparteilich oder innerfraktionär um **Macht, Funktionen und Ämter**. Der Politiker will in aller Regel innerhalb seiner Partei Karriere machen und wichtige Parteiämter erklimmen, einflussreiche Funktionen erhalten, innerhalb seiner Partei oder seiner Fraktion als Wahlkreiskandidat oder auf einem günstigen Listenplatz in aussichtsreicher Position aufgestellt werden. An Sachfragen werden nicht selten persönlich motivierte Konflikte, die auf Statusverbesserung ausgerichtet sind, festgemacht. Ein politischer Konflikt kann vordergründig eine Sachfrage zum Gegenstand haben (z. B. den Bau/die Verhinderung einer Ortsumgehungsstraße), während es den beteiligten Protagonisten in Wahrheit vor allem um die persönliche Profilierung – oder die Beschädigung des politischen Gegners – geht. Naturgemäß besteht kein Interesse daran, die hinter den scheinbaren Sachkonflikten verborgenen persönlichen Zielsetzungen offen zu legen. Eine auf das Kaschieren von wahren Motiven ausgerichtete Interessenlage kann daher einer erfolgreichen Mediation im Wege stehen.

Vielfach bestehen bei politischen Auseinandersetzungen **komplexe Konfliktsituationen**. An diesen können sehr unterschiedliche Akteure auf verschiedenen Ebenen beteiligt sein: Partei, Regierung, Opposition, Fraktion, Koalition, Koalitionsausschuss, Wahlkreis, Plenum, Ausschüsse, Arbeitskreise und / oder Lobbyisten. Die Suche nach der Lösung politischer Konflikte kann daher im Einzelfall sehr komplex sein. Sehr verschiedene Interessenebenen müssen Berücksichtigung finden. Sachliche und persönliche Motive können verquickt sein. Diese Komplexität ist für den Außenstehenden vielfach kaum zu durchschauen. Wenn sie unter den Beteiligten nicht offen gelegt werden können oder sollen, kann dies einer erfolgreichen Mediation entgegenstehen.

Dies ist erst recht der Fall, wenn bei politischen Entscheidungen eine **Bindung durch politische Gremienbeschlüsse** besteht. Diese können auf verschiedenen politischen Ebenen gegeben sein. Die Einschätzung, welche Beschlusslage eher disponibel oder veränderbar ist oder gegen welchen Beschluss ggf. sogar verstoßen werden könnte, macht eine Abwägung der politischen Kosten und Risiken erforderlich. Derartige Beschlusslagen können von Außenstehenden kaum nachvollzogen werden und erfordern häufig politische, nicht selten vertrauliche, Gespräche und Abstimmungen. Hierbei sind in aller Regel politische Machtkonstellationen zu bedenken, die nicht unbedingt für eine Offenlegung gegenüber außenstehenden Dritten – auch einem Mediator – geeignet erscheinen.

Eine **Einbeziehung Dritter** kann von den beteiligten Politikern als **gefühlter Machtverlust** wahrgenommen werden. Politische Entscheidungen sind Machtfragen. Politische Macht ist auch in Konflikten meist unterschiedlich verteilt. An Auseinandersetzungen sind oft Akteure verschiedener Hierarchieebenen beteiligt. In der Mediation ist in der Regel eher ein Verfahren auf Augenhöhe geeignet, eine einvernehmliche Lösung der Beteiligten zu finden. Im politischen Konflikt ist diese Gelingensbedingung strukturell dann nicht gegeben, wenn die Machtpositionen unterschiedlich verteilt sind. Partei- oder Fraktionsvorsitzende oder Minister werden sich daher tendenziell eher nicht in einen Mediationsprozess mit in der Hierarchie unter ihnen stehenden Personen begeben. Im Zweifel werden sie den Konflikt letztlich mit der ihnen gegebenen Macht und Autorität des höheren Amtes entscheiden. Für eine Mediation ist in einer solchen Konstellation kaum Platz.

Untrennbar verbunden mit dem politischen Prozess ist die besondere **Rolle der Medien**, der sog. „Vierten Gewalt“. Die Vertreter der Medien befinden sich untereinander in einem heftigen Kampf und Wettbewerb um Informationen, der nicht selten als existenziell wahrgenommen wird. Medienvertreter befinden sich daher im permanenten Rennen um die aktuellsten Informationen. Dabei spielen Schnelligkeit und Exklusivität eine zentrale Rolle. Dieser elementare Wettbewerb führt aber auch zu gewissen „Perversionen“ im Konkurrenzkampf der Medienvertreter. Das Interesse richtet sich nicht nur oder nicht einmal vorrangig auf die reine Information. Vielmehr besteht zugleich ein mehr oder minder ausgeprägtes Interesse an Skandalisierung und/oder Offenbarung intimer Details. „Only bad news is good news“ ist nicht von ungefähr eine unter Journalisten verbreitete Devise. Diese Interessenlage der Medienvertreter steht einer Vertraulichkeit des politischen Prozesses diametral entgegen. Wenn Mediation in der Politik stattfindet, zumindest bei bedeutsamen Konflikten, so ist das kaum ohne Information der Medien denkbar. Dies betrifft nicht nur die Tatsache, dass eine Mediation stattfindet, sondern auch und vor allem die Inhalte und Ergebnisse der Mediation. Das elementare Publikationsstreben der Medien kann sich mit dem Öffentlichkeitsinteresse der beteiligten Politiker durchaus treffen und verstärken. So wurden dem Vernehmen nach in dem Mediationsverfahren der baden-württembergischen AfD entgegen der vereinbarten Vertraulichkeit bereits vor dem Abschluss des Mediationsverfahrens vermeintliche Ergebnisse von den beteiligten AfD-Politikern an die Medien durchgestochen. Dass zu diesem Zeitpunkt noch gar kein abschließendes Ergebnis erreicht worden war, bestätigt eindrucksvoll, wie sehr das Vertraulichkeitsprinzip im Mediationsverfahren einerseits und das Öffentlichkeitsstreben von Politikern und Medienvertretern andererseits diametral gegenläufig sein können.

Worin können die **Chancen für Mediation in der Politik** bestehen, wenn die Staatspraxis bereits über einen bunten Instrumentenkasten zur Lösung politischer Konflikte verfügt? Doch schon die laufend praktizierte Einschaltung der Verfassungsgerichte wie auch die wissenschaftliche Politikberatung machen deutlich, dass sich die Politik nicht durchweg selbst zur Lösung ihrer Probleme und Konflikte in der Lage sieht, sondern die Einschaltung externer Helfer und „Konfliktlöser" in der in vielfältiger Form zur Anwendung kommt. Es ist nicht zu übersehen, dass die Politik nur über eine **begrenzte Problemlösungsfähigkeit** verfügt. In der Innenpolitik hat dies der Einsatz eines Mediators im Konflikt der baden-württembergischen AfD deutlich gemacht. Als weitere seit Jahren ungelöste Fragen der Innenpolitik sind etwa zu nennen die seit langem überfällige Reform der Einkommensteuer, die Wahlrechtsreform (Stichwort Überhang- und Ausgleichsmandate) oder die Suche nach einem atomaren Endlager. In der internationalen Politik scheinen große ungelöste Konflikte eher die Regel als der Ausnahmefall zu sein (s. o.). Oft sind es aber auch kleinere Konflikte, die nicht oder nur unbefriedigend gelöst werden und ohne Lösung erheblichen politischen Schaden anrichten. So war in der Dresdner Lokalpresse von einer Austrittswelle in einem CDU-Ortsverband zu lesen, zu der offenbar eine große Unzufriedenheit mit der Amtsführung des derzeitigen jungen Ortsvorsitzenden führte (Sächsische Zeitung 2017). Wenn offenbar die Problemlösungsfähigkeit der Politik gelegentlich an Grenzen stößt, so scheint externe Hilfe bei der Lösung von Konflikten grundsätzlich erwägenswert. Das dürfte weniger im Kernbereich politisch-ideologischer Grundsatzfragen in Betracht kommen als vielmehr dort, wo es etwa um organisatorische Konflikte wie z. B. bei der AfD Baden-Württemberg oder um offenkundige Probleme in der Art des Umgangs oder in der Führungskultur geht, so etwa in dem Dresdner Beispiel.

In der Politik gehören **verhärtete Feindbilder** zur Identitätsstiftung. Als Beispiel sei etwa das Verhältnis von SPD und LINKE zu nennen, das nicht nur durch zum Teil politisch schwer vereinbare Positionen geprägt und belastet ist, sondern auch durch historische Belastungen oder den Parteiwechsel des früheren SPD-Vorsitzenden Lafontaine. Eine rechnerische Mehrheit im Bundestag links von CDU/CSU konnte nicht zu einer politischen Mehrheit zusammengeführt werden. Auch wenn man zweifeln mag, ob ein derartiger „großer" politischer Konflikt mithilfe von Mediation lösbar wäre, so ist nicht auszuschließen, dass entstandene Verhärtungen mithilfe der Mediation gelockert werden könnten.

Als gesicherte Erkenntnis der Wahlforschung kann gelten, dass **Einigkeit** innerparteilich wie auch in Koalitionsregierungen vom Wähler **positiv** wahrgenommen wird. Als praktisches Beispiel kann die in Sachsen von 2009 bis 2014 regierende CDU-FDP-Koalition angeführt werden. Auf den Unmut von Regierungsmitgliedern der CDU über das wenig professionelle Agieren des kleinen Koalitionspartners und das daraus resultierende Drängen, dessen politischen Dilettantismus endlich der Öffentlichkeit zu offenbaren, reagierte der Chef der Staatskanzlei ablehnend und forderte dazu auf, den kleinen Koalitionspartner an die Hand zu nehmen. So entstand die Devise vom „betreuten Regieren": eine öffentliche Bloßstellung, so berechtigt sie gewesen sein mochte, bringt oft keine Punkte, sondern kann auch zu Lasten des größeren Koalitionspartners gehen.

Das Bestreben nach **Meiden der Öffentlichkeit** bei Konflikten kann für die politischen Akteure ein Grund sein, sich rechtzeitig zu kümmern und diese erst gar nicht in die Öffentlichkeit vordringen zu lassen, sondern mit externer Hilfe für rasche Abhilfe zu sorgen.

Innerparteiliche Konflikte können **Wahlrelevanz** besitzen. Als Beispiele seien hier die Auseinandersetzungen in der Partei der Piraten genannt, oder auch die Führungskonflikte innerhalb der AfD vor dem Wahlparteitag im April 2017, die für die AfD aller Wahrscheinlichkeit nach mit zu Einbußen in den Wählerumfragen beitrugen.

Ähnlich wie beim Einsatz moderner Instrumente der Personalführung wie z. B. des Coachings kann der Einsatz der Mediation als Instrument zur **Imagepflege** im Sinne einer Eigendarstellung genutzt werden. Während Coaching früher von Unternehmen oder Ministerialverwaltungen als Makel angesehen wurde und man nicht den Eindruck erwecken wollte, die eigenen Führungskräfte wiesen Mängel in der Führungskompetenz auf, setzen Personalverwaltungen Coaching inzwischen selbstbewusst als modernes und innovatives Instrument der Personalqualifizierung ein. Entsprechendes Potenzial ist grundsätzlich auch der Mediation zuzusprechen. Die Praxis zeigt immer wieder, dass der objektive Bedarf an Coaching wie an Mediation deutlich größer ist als die Bereitschaft, diese Instrumente im Sinne einer modernen Personalführung bzw. Konfliktbewältigung nutzbar zu machen. Ein Umdenkprozess hat insoweit aber längst begonnen.

In der Politik spielt die **Vermeidung von Gesichtsverlust** eine große Rolle. Eine einvernehmliche und geräuschlose Konfliktbereinigung kann hierzu einen Beitrag leisten. Nicht selten werden in der Politik Sieg und Niederlage bewusst angesteuert bzw. in Kauf genommen. Es kann aber Situationen geben, in denen es entscheidend darauf ankommt, eine Niederlage mit allen Mitteln zu vermeiden. Nicht nur im Fußball kann ein Unentschieden gelegentlich für beide Seiten ein gutes Ergebnis darstellen – besser noch, wenn eine win-win-Situation für beide Seiten kreiert werden kann. Ob eine entsprechende Situation gegeben ist, bedarf einer vorherigen Analyse.

Nicht selten spielt für politische Lösungen der **Faktor Zeit** eine entscheidende Rolle. Wenn eine rasche Konfliktlösung und Zeitgewinn deutliche Vorteile gegenüber einer auf die lange Bank geschobenen Lösung versprechen, kann eine Kurzzeitmediation unter Umständen ein probates Instrument sein.

5 Literatur

Besemer, Christoph (2014): Politische Mediation, Stiftung Mitarbeit.

Bundesverband Mediation, online abrufbar unter: https://www.bmev.de/ (abgerufen am 01.08.2019).

Duve, Christian / Eidenmüller, Horst / Hacke, Andreas (2011): Mediation in der Wirtschaft, 2. Aufl., Köln: Otto Schmidt Verlag

Fisher, Roger / Ury, William / Patton, Bruce (1981): Das Harvard-Konzept: Die unschlagbare Methode für beste Verhandlungsergebnisse. Frankfurt: Campus.

Förderverein Mediation im öffentlichen Bereich e. V.: https://www.umweltmediation.info (abgerufen am 19.07.2019).

Glinka, Philipp / Lenk, Thomas, Bund-Länder-Finanzbeziehungen (2016): Ende im Streit absehbar? In: Die Mediation 1/2016, S. 49–53.

Ibrom, Sandra (2005): Die Rolle der Mediation in demokratischen Entscheidungsprozessen. Baden-Baden: Nomos.

Ismayr, Wolfgang (2001): Der Deutsche Bundestag. Wiesbaden: Springer.

Nauke (2015): Stuttgarter Zeitung. Online abrufbar unter: https://www.stuttgarter-zeitung.de/ (abgerufen am 25.07.2019).

Patzelt, Werner (2017): Mediation in der Politik. Das AfD-Zerwürfnis. Die Mediation (17) 1, S. 34–35.

Rudzio, Wolfgang (2008): Informelles Regieren und Koalitionsmanagement der Regierung Merkel. Politik und Zeitgeschichte (08) 16, S. 11 ff.

Troja, Markus (2001): Umweltkonfliktmanagement und Demokratie. Zur Legitimation von Konfliktregelungsverfahren in der Umweltpolitik. Wiesbaden: Springer.

Walther, Harald / Pitschas, Rainer (2008): Mediation im Verwaltungsverfahren. Berlin: Peter Lang.

Prof. Dr. Jürgen Staupe ist promovierter Volljurist, Dipl.-Politologe und Honorarprofessor für Politikwissenschaft an der Technischen Universität Dresden. Zudem hat er eine Ausbildung zum Wirtschaftsmediator an der Steinbeis-Hochschule absolviert und arbeitet als Senior Advisor bei Below Tippmann & Compagnie im Bereich der Personalberatung Desweiteren ist er praktizierender Rechtsanwalt und Coach. Von 2004 bis 2012 war Staupe Mitglied des Hochschulrates der HTWK Leipzig und ist Mitglied der Sächsischen Staatsregierung als Staatssekretär in verschiedenen Ressorts (Inneres, Umwelt und Landwirtschaft, Kultus und Sport).

Einsatzmöglichkeiten eines Mediators im Rahmen einer US-amerikanischen Class Action

Mona Majewski

Der folgende Beitrag gibt einen Überblick über die Einsatzmöglichkeiten eines Mediators im Rahmen einer US-amerikanischen class action. Der Schwerpunkt liegt hier auf den Besonderheiten des Verfahrens und deren Auswirkungen auf eine Mediation. Im Ergebnis zeigt sich, dass ein Mediator nicht nur zwischen den Parteien im Rahmen von Vergleichsverhandlungen eingesetzt werden kann, wie dies aktuell üblich ist, sondern zwischen fast allen Beteiligten und in verschiedenen Verfahrensabschnitten.

Gerichtsprozesse kosten viel Zeit, Kraft und Geld. Es scheint daher verlockend, sich lediglich in eine Liste einzutragen und einige Formulare auszufüllen, sonst aber wenig mit dem Prozess zu tun zu haben.

In Deutschland ist das schon wegen des Anspruchs auf rechtliches Gehör gemäß Art. 103 I GG problematisch. In den USA dagegen ist diese Art der Prozessführung nicht ungewöhnlich. Ein Kläger vor Gericht, dahinter mehrere Tausend Mitkläger, die nicht aktiv am Prozess beteiligt sind. Und am Ende steht eine verbindliche Entscheidung für alle.

Ermöglicht wird dies durch das Konstrukt der class action; ein Kollektivverfahren auf Stellvertreterbasis.

Auffällig häufig wird eine class action durch einen Vergleich beendet. Ein solcher muss jedoch vom zuständigen Gericht genehmigt werden. Geschieht dies nicht, bedeutet das eine immense Verzögerung und einen nicht unerheblichen Mehraufwand für alle Beteiligten. Um das zu vermeiden, kann ein class action Mediator schon zuvor am Prozess beteiligt werden.

Aufgrund der Komplexität und der hohen Anzahl an Beteiligten an einer class action bieten sich einige weitere Einsatzmöglichkeiten für einen Mediator an.

Es stellt sich die Frage, zwischen welchen Beteiligten hier Konflikte entstehen können und welche Besonderheiten sich daraus für mögliche Mediationsverfahren ergeben.

1 Konfliktpotenzial und Möglichkeit einer Mediation

In einer derart komplexen Konstruktion ist das Auftauchen von Konflikten keine Seltenheit. Dabei sind Konflikte zwischen fast allen beteiligten Personen und Personengruppen denkbar.

1.1 Zwischen class und Kläger / Beklagtem

Bestünde zwischen der class (Gruppe von Klägern oder Beklagten) und der anderen Partei kein Konflikt, wäre es nicht zu einem Prozess gekommen. Allerdings hat das Verfahren der class action keine besonderen Auswirkungen auf diesen Konflikt. Er ist vielmehr vergleichbar mit Konflikten zwischen Kläger und Beklagtem in Individualverfahren. Häufig wird ein Mediator im Rahmen der Vergleichsverhandlungen beauftragt, um zu gewährleisten, dass die Interessen der Parteien berücksichtigt wurden und die Verhandlungen fair abgelaufen sind (Rudy 2015). So wird die Wahrscheinlichkeit der Zustimmung des Gerichts zu dem Vergleichsvorschlag erhöht.

Eine Besonderheit, die sich auf die Mediation auswirkt, ist jedoch die Anzahl der beteiligten Personen. Es stellt keine Seltenheit dar, wenn mehrere Tausend Personen der class beitreten. In der Praxis werden daher Mediationen zwischen den Repräsentanten und der anderen Partei durchgeführt.

Eine Mediation mit der ganzen class ist nicht sinnvoll, da es unmöglich scheint, die Interessen jedes Einzelnen zu beachten. Dies ist jedoch ein Ziel der Mediation.

1.2 Innerhalb der class

Auch innerhalb der class, die im Grunde gleiche oder ähnliche Interessen verfolgt, kann es zu Konflikten kommen. Hier ist zwischen Konflikten zwischen einzelnen absentees (Mitglieder der Gruppe, die nicht vor Gericht auftreten) und Konflikten zwischen absentees und Repräsentanten (Mitglieder der Gruppe, die vor Gericht auftreten) sowie Konflikten zwischen den Repräsentanten zu unterscheiden.

1.2.1 Zwischen absentees oder zwischen Repräsentanten

Bei Konflikten zwischen Repräsentanten besteht kein Unterschied zu einem Individualverfahren mit mehreren Klägern oder Beklagten. Hier ergeben sich daher keine speziellen, aus dem Konstrukt der class action resultierende, Anforderungen an die Mediation.

Bei Konflikten zwischen absentees ist zu beachten, dass diese sich in der Regel nicht persönlich kennen, sodass das Konfliktpotenzial gering ist. Lernen sich einzelne Gruppenmitglieder dennoch kennen, kann es vor allem nach Prozessende zu einem Konflikt kommen, wenn es um die Verteilung des erstrittenen Betrages geht; einem sogenannten Verteilungskonflikt (vgl. Koschany-Rohbeck 2015: 40 f.). Die Verteilung der Summe erfolgt zwar durch dafür vorgesehene Stellen, die die Gelder verwalten und Verteilverfahren entwickeln (Hopt/Voigt 2005: 101), allerdings kann es trotz dieser Einrichtungen zu einer individuellen Unzufriedenheit Einzelner kommen.

Häufig zeigt sich in der Mediation, dass neben den zu verteilenden knappen Ressourcen weitere Interessen der Beteiligten vorhanden sind (vgl. Koschany-Rohbeck 2015: 40 f.). So ergeben sich neue vielfältige Lösungsoptionen, die sich nicht lediglich auf die Verteilungskriterien beschränken. Das Mediationsverfahren zielt dann darauf ab, diese Interessen herauszuarbeiten. Zu bedenken ist, dass ein solcher Konflikt zwischen absentees jedoch häufig nicht ohne Beteiligung des Beklagten gelöst werden kann. Dies ist insbesondere der Fall, wenn der Beklagte der Lösung zustimmen muss.

1.2.2 Zwischen absentees und Repräsentanten

1.2.2.1 Beschreibung des Konflikts

Das Gericht kann einzelne Repräsentanten ablehnen, wenn ihre Klagen zu stark von den Klagen der übrigen Gruppenmitglieder divergieren. Das ist bei einer Abweichung der Interessenlage zwischen Repräsentanten und den abwesenden Gruppenmitgliedern der Fall. Auf den ersten Blick besteht somit kein Konfliktpotenzial zwischen den absentees und den Repräsentanten. Allerdings besteht die Möglichkeit, dass sich die Interessenlage einer der beiden Gruppen oder einzelner Mitglieder während des Verfahrens ändert, sodass Konflikte entstehen können.

Außerdem ist es möglich, dass die Repräsentanten im Prozess eine passive Rolle einnehmen und somit keine Vertretung der abwesenden Gruppenmitglieder stattfindet. In der Praxis ist dieses Verhalten keine Seltenheit, vielmehr wird es sogar durch den class action attorney (Anwalt, der die class vertritt) unterstützt, dessen Machtposition dadurch gestärkt werden kann. Doch auch der US-amerikanische Richter, welcher es gewohnt ist, sich eher passiv zu verhalten und zwischen den Anwälten wie ein Schiedsrichter zu fungieren, hat ein Interesse an einer passiven Verhaltensweise der Repräsentanten (McAlinn et al. 2005: 5). Juristische Laien aktiv in ein solches Großverfahren einzubinden, bedeutet gerade für den Richter einen Mehraufwand, den er umgehen kann, wenn er den Fall lediglich mit den Anwälten verhandeln kann.

Mit dieser passiven Rolle der Repräsentanten könnten einzelne Gruppenmitglieder ihre Vertretung vor Gericht gefährdet sehen, sodass auch dadurch Konflikte entstehen können.

In Betracht kommt ein Strategiekonflikt; Verfolgung eines Ziels, aber Uneinigkeit über den Weg (Koschany-Rohbeck 2015: 40). Es ist wahrscheinlich, dass Einzelne mit der Prozessführungsstrategie der Repräsentanten nicht einverstanden sind.

Bei Konflikten zwischen diesen Personengruppen wird es sich meist zunächst um einen verdeckten Konflikt handeln, der erst durch Kommunikation mit dem class action attorney; Ansprechpartner für beide Gruppen, aufgedeckt wird.

1.2.2.2 Möglichkeit einer Mediation

Bei einem Strategiekonflikt bietet sich eine Mediation nur dann an, wenn eine Strategie nicht fest vorgegeben ist. Es liegt im Ermessen der Repräsentanten, wie sie sich vor Gericht verhalten. Solange die Strategie nicht gegen das US-amerikanische Prozessrecht verstößt, ist sie verhandelbar. Somit ist eine Mediation möglich.

Bei einem Konflikt zwischen absentees und Repräsentanten besteht eine Besonderheit darin, dass diese bisher lediglich über Dritte wie den class action attorney kommuniziert haben. In der Mediation besteht der erste Schritt also darin, einen direkten Kommunikationsweg zu eröffnen.

Es besteht das Problem, dass sich der Konflikt zwischen wenigen oder einzelnen absentees und den Repräsentanten abspielt. Nicht involviert sind jedoch alle anderen Mitglieder der Gruppe. Verständigen sich die Repräsentanten also mit den betroffenen Klägern, ist es aufgrund der hohen Anzahl an übrigen Gruppenmitgliedern wahrscheinlich, dass die gefundene Lösung anderen missfällt. So ist zwar ein Konflikt gelöst, es entstehen jedoch Folgekonflikte. Daher ist hier insbesondere darauf zu achten, dass die Lösungsoptionen nur die Medianten betreffen, was im Rahmen einer class action oft schwer zu erreichen ist.

1.3 Zwischen class und class action attorney

1.3.1 Beschreibung des Konflikts

In der Regel ist ein Anwalt darauf bedacht, die Interessen seines Mandanten zu vertreten und durchzusetzen. Der class action attorney muss jedoch auch eigene Interessen vertreten.

Im Regelfall wird eine Honorarvereinbarung getroffen (Höffmann 2013: 155); auffällig häufig erhält der Anwalt einen Anteil an einem geschlossenen Vergleich. Zudem besteht die Möglichkeit des sogenannten contingent fee. Bei dieser Variante leistet der Anwalt die Prozesskosten vor und übernimmt somit das Prozessrisiko (Neufang 2002: 33 f.). Für den Mandanten ergibt sich eine win-or-no-lose-Situation und somit auf den ersten Blick eine attraktive Möglichkeit. Nachteilige Folgen können sich jedoch daraus ergeben, dass der Anwalt durch die Risikoübernahme zu Prozessentscheidungen veranlasst werden kann, die nicht den Interessen seiner Mandanten entsprechen (Höffmann 2013: 157). Hier ist insbesondere zu beachten, dass die Vorbereitung einer class action für den Anwalt, beziehungsweise die hinter diesem stehende law firm, enorm zeit- und kostenintensiv ist. Nicht selten steht sogar die Existenz auf dem Spiel (Coffee 1983: 230). Es besteht daher die Gefahr, dass der class action attorney eher einem für die class unvorteilhaften Vergleich zustimmt, um seine Kostendeckung zu sichern. Diese Interessenkollision bei dem Anwalt kann zu einem Interessenkonflikt zwischen diesem und der class führen.

Auch an anderer Stelle besteht Konfliktpotenzial zwischen class action attorney und der class. In der Regel sucht sich der Mandant seinen Anwalt selbst aus. Bei einer class action erfolgt die Wahl des Anwalts aber durch das zuständige Gericht, sodass die Mandanten keinen Einfluss hierauf haben. Hierdurch soll eine optimale Vertretung der absentees gewährleistet werden.

Trotz der sorgfältigen Auswahl durch das Gericht ist es möglich, dass einzelne Mitglieder der Gruppe mit der Wahl nicht einverstanden sind. Eventuell sind sie mit der generellen Vorgehensweise im Prozess nicht einverstanden oder haben mit diesem Anwalt aus möglichen früheren Prozessen keine guten Erfahrungen gemacht. Hier kommt erschwerend hinzu, dass die absentees keine Möglichkeit haben, auf den Anwalt Einfluss zu nehmen. Aber auch die Repräsentanten haben kein Widerspruchsrecht, wenn der Anwalt im Alleingang eine Entscheidung, wie beispielsweise zu einem Vergleichsschluss, trifft (vgl. Höffmann 2013: 153).

Dem Streitgegenstand nach könnte es sich um einen Informationskonflikt handeln; ein Konflikt aufgrund eines Wissensvorsprungs, Mangels an Sachinformationen, Fehlinformationen oder Missverständnissen zwischen den Parteien (Koschany-Rohbeck 2015: 38). Im Rahmen einer class action hat der Gruppenanwalt in der Regel einen Wissens- und Informationsvorsprung gegenüber der Gruppe. Durch ausbleibende Unterrichtung durch den Anwalt kann es zu einem Informationsdefizit bei der class und somit zu Konflikten kommen.

Zudem kann auch ein Strategiekonflikt vorliegen (Definition: Koschany-Rohbeck 2015: 40).

Des Weiteren kommt ein Konflikt aufgrund der Verfolgung von eigenen Interessen in Betracht. Ein eigennütziges Verhalten führt jedoch nur dann zu einem Konflikt, wenn damit normative Ansprüche anderer verletzt werden (Montada / Kals 2013: 110). Der class action attorney sieht sich in der Regel dazu gezwungen, seine eigenen Interessen und die der hinter ihm stehenden law firm zu verfolgen. Stellt er seine Interessen jedoch in den Vordergrund, verletzt er damit seine Verantwortungspflicht gegenüber der class und folglich normative Ansprüche anderer; ein Konflikt entsteht.

Bei Konflikten zwischen den Repräsentanten und dem class action attorney kann ein offener Konflikt vorliegen, da diese eng mit dem Anwalt zusammenarbeiten. Entsteht ein Konflikt zwischen absentees und dem Anwalt, muss dieser erst kommuniziert werden und stellt daher zunächst einen verdeckten Konflikt dar.

In der Rolle des class action attorneys sind auch intrapersonelle Konflikte wahrscheinlich. Auf der einen Seite möchte er für seine Mandanten das beste Prozessergebnis erzielen. Auf der anderen Seite gefährdet eine hohe Risikobereitschaft seinerseits die Kostensicherung der law firm. Diese Interessen stehen sich insbesondere bei einem Vergleichsangebot gegenüber.

1.3.2 Möglichkeit einer Mediation

Wird ein Informationskonflikt früh erkannt, kann er schnell bearbeitet werden (Koschany-Rohbeck, 2015: 38). Dies führt dazu, dass das Informationsdefizit schnell beseitigt wird. Aufgabe des Mediators ist es, herauszuarbeiten, dass diese Art des Konflikts vorliegt und die benötigten Informationen zu erfragen.

Bei einer class action kann der Anwalt mit den Repräsentanten eine Strategie frei wählen. Es kann beispielsweise von Anfang an ein Vergleich (settlement) angestrebt werden; so genannte settlement-only class actions. Solange die Strategie nicht gegen das US-amerikanische Prozessrecht verstößt, ist sie verhandelbar. Somit kann eine Mediation hier zu einer Lösung des Strategiekonfliktes führen.

Auch bei einem Konflikt wegen der Verfolgung von Eigennutz ist eine Mediation grundsätzlich möglich. Oftmals ist der class gar nicht bewusst, dass ihr Anwalt auch eigene Interessen verfolgt und aufgrund des Drucks der law firm auch verfolgen muss. Hier ist es Aufgabe des Mediators, die vorhandenen Interessen beider Seiten aufzuzeigen.

Bei einer Mediation zwischen der class und dem class action attorney ist daran zu denken, dass der Anwalt nicht nur die Personen vor Gericht vertritt, die mit ihm in Konflikt stehen, sondern die gesamte class. Er kann also keine Absprachen über mögliche Prozessstrategien oder ähnliches treffen, da diese auch immer Auswirkungen auf die am Mediationsprozess nicht beteiligten restlichen Kläger haben. Es ist in dieser Konstellation sehr schwierig, Lösungsoptionen zu finden, die sich nicht auf die restliche Gruppe auswirken. Gelingt dies jedoch, steht einer Mediation hier grundsätzlich nichts entgegen.

1.4 Zwischen Gericht und Parteien

Auch wenn dies auf den ersten Blick widersprüchlich erscheint, entstehen auch Konflikte zwischen dem US-amerikanischen Gericht und den Parteien.

1.4.1 Beschreibung des Konflikts

Insbesondere wenn das Verfahren durch ein settlement beendet wird, kann es zu Unstimmigkeiten zwischen den Parteien und dem Gericht kommen. Die Besonderheit eines settlement gegenüber einem Vergleich in einem Individualprozess liegt in der gerichtlichen Überprüfung des Vergleichsinhalts (vgl. Rubenstein 2005). Der ausgehandelte Vergleich wird daraufhin überprüft, ob er „fair, reasonable and adequate“ ist (Rule 23 (e)). Hält das Gericht den Vergleich nicht für „fair, reasonable and adequate“ und stimmt ihm folglich nicht zu, entsteht ein Konflikt zwischen ihm und den Parteien.

Bei Kategorisierung nach dem Streitgegenstand könnte es sich sowohl um einen Interessenkonflikt, als auch um einen Wertkonflikt handeln (Koschany-Rohbeck 2015: 39; Montada/Kals 2013: 108). Es treffen die Gerechtigkeitsvorstellungen von Parteien und Gericht aufeinander.

Ein Interessenkonflikt kommt in dieser Konstellation dann in Betracht, wenn der Richter die Interessen der abwesenden Kläger für nicht ausreichend berücksichtigt hält, die Parteien aber ein Interesse daran haben, den Prozess mit diesem Vergleich zu beenden.

In der Regel wird es sich bei Konflikten zwischen dem Gericht und den Parteien um offene Konflikte handeln. Das liegt vor allem daran, dass in dem so genannten fairness hearing über den Vergleichsinhalt diskutiert wird und so Nichtübereinstimmungen offengelegt werden.

1.4.2 Möglichkeit einer Mediation

Im Rahmen eines Interessenkonflikts kann die Mediation dabei helfen, dass sich die Parteien über den Stellenwert ihrer Interessen bewusst werden.

Besonders bei einem Wertkonflikt kann eine Mediation an ihre Grenzen stoßen. Problematisch ist hier, dass sich die Gerechtigkeitsvorstellungen der Parteien durch eine Mediation nicht ändern werden, was auch keinesfalls Ziel der Mediation ist. Darüber hinaus ist bei Wertkonflikten auch häufig das Selbstverständnis der Medianten betroffen (Koschany-Rohbeck 2015: 39). Ziel des Mediationsverfahrens kann es jedoch sein, die unterschiedlichen Vorstellungen offen zu legen und sodann Verständnis für die andere Perspektive zu schaffen.

Eine Mediation zwischen Richter und den Parteien ist allerdings unwahrscheinlich und könnte zudem gegen das US-amerikanische Prozessrecht verstoßen. Dieses sieht vor, dass der Richter dem Vergleich zustimmt, wenn er keine Zweifel daran hat, dass die Voraussetzungen vorliegen. Verweigert er eine Zustimmung und wird daraufhin eine Mediation mit ihm durchgeführt, so verhandelt der Richter über den Vergleichsinhalt. Diese Verhandlung soll jedoch gerade nicht mit dem Richter stattfinden, sondern zwischen den Parteien. Eine Mediation mit dem Richter über den Vergleich würde also gegen den Sinn und Zweck der Rule 23 verstoßen und kann so in dieser Konstellation folglich nicht durchgeführt werden.

2 Fazit

Es zeigt sich, dass innerhalb einer class action durchaus Konfliktpotenzial entsteht, obwohl das Verfahren darauf ausgelegt ist, einen Konflikt zu lösen. Das liegt weniger an der Komplexität des Verfahrens oder der hohen Anzahl der Beteiligten, sondern vielmehr an den Interessen der einzelnen Beteiligten, die in dem gerichtlichen Prozess nicht immer ausreichend Berücksichtigung finden. Die Klage auf Stellvertreterbasis ist nicht auf die Berücksichtigung der Interessen eines jeden Einzelnen ausgelegt, vielmehr geht es darum, eine Vielzahl an Klagen in einem Prozess, und somit prozessökonomisch, abzuhandeln.

In einem Mediationsverfahren liegt der Schwerpunkt hingegen gerade auf den Interessen des Einzelnen, womit nicht lediglich eine schnelle, sondern auch eine nachhaltige Lösung angestrebt wird. Eine Mediation ist trotz dessen nicht als Ersatz einer class action anzusehen. Jedoch funktioniert sie gut, um in einzelnen Phasen zwischen einzelnen Beteiligten Lösungen zu finden, die dann wiederum dem gerichtlichen Verfahren dienlich sind.

3 Literatur

Coffee, John C. (1983): Rescuing the Private Attorney General: Why the Model of a Lawyer as a Bounty Hunter is not working. Maryland Law Review 42, S. 215–288.

Höffmann, Friederike (2013): Class Action Settlements und ihre Anerkennung in Deutschland. Jena: Jenaer Wissenschaftliche Verlagsgesellschaft.

Hopt, Klaus J. / Voigt, Hans-Christoph (2005): Prospekt- und Kapitalmarktinformationshaftung. Recht und Reform in der Europäischen Union, der Schweiz und den USA. Tübingen: Mohr Siebeck.

Koschany-Rohbeck, Marianne (2015): Praxishandbuch Wirtschaftsmediation. Grundlagen und Methoden zur Lösung innerbetrieblicher und zwischenbetrieblicher Konflikte. Wiesbaden: Springer Gabler.

Mc Alinn, Gerald Paul / Rosen, Dan / Stern, John P. (2005): An Introduction to American Law. Durham: Carolina Academic Press.

Montada, Leo / Kals, Elisabeth (2013): Mediation. Psychologische Grundlagen und Perspektiven. 3. Auflage. Basel: Beltz.

Neufang, Sebastian (2002): Kostenverteilung im US-amerikanischen Zivilprozess und Urteilsanerkennung in Deutschland. Münster: LIT Verlag.

Rubenstein, William B. (2005): Understanding the Class Action Fairness Act of 2005. Los Angeles. Online abrufbar unter: https://www.classactionprofessor.com/cafa-analysis.pdf [19.09.2017].

Rudy, Dave (2015): Mediating the class-action case. A look at the process and substance of class-action mediation, and plaintiffs` intra-team disputes. Online abrufbar unter: https://www.plaintiffmagazine.com/recent-issues/item/mediating-the-class-action-case [19.09.2017].

Mona Majewski wuchs in Heidelberg auf. Nach dem Studium der Rechtswissenschaften in Halle absolvierte sie einen LL. M. sowie einen Master 2 in Schottland und Frankreich. Früh wurde ihr bewusst, dass nicht jeder Konflikt vor Gericht gelöst werden kann, weshalb sie sich zur Mediatorin ausbilden ließ. Sie ist überzeugt davon, dass ein Konflikt am besten von den Beteiligten selbst bearbeitet wird. Nach der Ausbildung Wirtschaftsmediation an der Steinbeis-Hochschule sieht sie die Mediation dabei als sinnvolles Werkzeug an.

Elemente der Mediation im Claim Management für das Projektmanagement im Industrieanlagenbau

Yvonne Effenberger

Eine Betrachtung ausgewählter Elemente der Mediation aus Sicht des Claim Managements soll zeigen, ob diese auf das Claim Management übertragbar sind. Dabei stehen mögliche Gemeinsamkeiten im Vordergrund, um Denkanstöße zu setzen und Anregungen für die Verwendung dieser neuen Methoden zu schaffen, unter Beachtung der tatsächlichen Umsetzbarkeit. Zur Reduzierung der Komplexität steht dabei die Rolle des Claim Managers des Auftragnehmers im Industrieanlagenbau im Vordergrund.

1 Claim Management im Projektmanagement des Industrieanlagenbaus

Oft werden Projektmanagement und Mediation nebeneinander betrachtet, um aufzuzeigen, welche Unterschiede, aber durchaus auch Gemeinsamkeiten es gibt, da eine Vielzahl von Fach- oder Selbstkompetenzen sich überschneiden und beide vom jeweils anderen Verfahren lernen können (Schreckeneder 2012: 193). Als Disziplin des Projektmanagement gilt dies somit auch für das Claim Management. Fraglich ist, ob dies tatsächlich so streng methodisch zu betrachten ist, oder ob nicht vielmehr auch die Methodik der Mediation im Claim Management und damit auch im Projektmanagement aufgehen kann.

Der Claim Manager ist eines von vielen Teammitgliedern des Projektmanagement-Teams. Er soll eine Unterstützerrolle in der Beziehung zum Projektleiter einnehmen, um diesem in der Abwicklung und Entscheidungsfindung die Möglichkeiten aufzuzeigen, die aus seiner Sicht zur Verfügung stehen. Schwerpunkt ist dabei das Forderungsmanagement, dessen Nachweisführung durch entsprechende Korrespondenz und Dokumentation.

Insbesondere ist bei Bauverträgen das Konfliktpotenzial naturgemäß sehr groß, wobei es hier nicht mehr nur um die Frage geht, *ob* gestritten wird, sondern *wie* (Lembcke 2013: 2). Trotz eines in der Natur des Vertrages liegenden Machtgefälles liegt das Interesse im erfolgreichen Projektabschluss, was sich jedoch für die Auftraggeberseite durch Kostenminimierung auszeichnet und für die Auftragnehmerseite hingegen durch Gewinnmaximierung. Der Vertrag zwischen beiden Seiten bildet nur den Rahmen innerhalb welchem viele Beteiligte durch Anpassungen die Ausführung konkretisieren.

Das Projektmanagement-Team des Auftragnehmers steht von der ersten Minute unter großen Zeitdruck, da u. a. Vertragsstrafen den Zeitplan des Projektes diktieren. Hier muss das Claim Management von Anfang an dafür Sorge tragen, dass Nachtragsforderungen zügig mit dem Vertragspartner verhandelt werden. Dabei ist die Umsetzung schwarzer Zahlen im Projekt durch aggressives Claim Management oft zu kurzsichtig. Aggressives Claim Management mag die Zahlen eines Projektes verbessern können, aber die Zahlen der dahinterstehenden Organisation sicher nicht, da hohe Kundenzufriedenheit und aggressives Claim Management gleichzeitig schlicht nicht möglich sind. Gerade in turnusmäßig immer wiederkehrenden Zeiten rückläufiger Auftragslage besteht die Kunst des Claim Managers darin, seine Arbeit gegenüber dem Kunden zu erledigen und trotzdem von diesem Kunden neue Aufträge zu bekommen.

2 Mediation und andere Methoden im Claim Management – ein kurzer Überblick

Letztlich entstehen Streitigkeiten, die das Claim Management regeln soll, immer dort, wo der Vertrag Handlungsspielraum lässt, die Regelungen nicht eindeutig sind und dies ist wie zuvor schon angedeutet bei Bauverträgen fast immer der Fall. Oberste Prämisse das präventiven Claim Managements sollte es sodann sein, die Entstehung von Claims soweit wie möglich zu vermeiden, also Nachforderungen zeitnah bei deren Entstehung zu stellen und in Form einer Auftragsänderung zu manifestieren. Leider wird dies sehr häufig nicht oder erst sehr spät im Projekt gemacht. In solchen Fällen wird der Claim Manager in der aktiven Claimabwehr, -durchsetzung oder -verhandlung tätig. Die ihm dabei zur Verfügung stehenden Methoden und Techniken sind vielfältig und reichen von der rein verbalen bis zur detailliert schriftlichen Fallaufbereitung und Lösung, bis zu aktiven Verhandlungsvorbereitung und – durchführung in stärker eskalierten Situationen.

Auch in den Verträgen im Industrieanlagenbau wird realistischerweise davon ausgegangen, dass es Unstimmigkeiten zwischen den Parteien geben kann, die sich nicht einvernehmlich lösen lassen. Für diese Fälle wird meist die Einholung eines Schiedsgutachten vereinbart, bzw. Schiedsgerichtsklauseln und im weiteren Gerichtsstandsvereinbarungen getroffen. Jedoch sind die Hürden für eine solche Streitbeilegung sehr hoch in Form von erheblichen Zeit- und Kostenaufwänden und nicht zuletzt sind die dadurch auftretenden Schäden in der Kundenbeziehung meist irreparabel. Deshalb wird verstärkt dazu übergegangen, schon in der Vertragsgestaltung auf gütliche Einigungen hinzuwirken und die Parteien vor jeder Streiteskalation möglichst dahingehend zu verpflichten. Insbesondere ist hier der Einsatz eines Mediators ein probates Mittel, wobei allerdings die damit verbundene fehlende Verbindlichkeit der Einigung im Fall des Scheiterns kritisch betrachtet wird. Die Mediation ist ein Verfahren, um Konflikte konstruktiv zu bearbeiten, jedoch soll der Mediator dabei immer nur Vermittler oder Unterstützer sein, aber keinesfalls Berater (Schreckeneder 2012: 177). Indes ist der Claim Manager immer Berater des ganzen Projektmanagement-Teams.

Zudem schaffen Schiedsgerichtsentscheidungen, Gerichtsentscheidungen etc. nicht automatisch Rechtssicherheit für die Parteien, da die Entscheidung von Richtern in vielen Streitfällen kaum vorhersehbar ist und Gesetze nie exakt zum Konfliktfall passen und ausgelegt werden müssen (Montada, Kals 2013: 18 f.). Gleichzeitig beendet ein Urteil nicht immer den Konflikt, in den meisten Fällen wird es die unterlegene Partei als ungerecht empfinden und dies die Beziehung der Konfliktparteien auf Arbeitsebene belasten (ebd.: 19).

Letztlich geht es bei einer juristischen Auseinandersetzung vor allem darum zu prüfen, ob die eine Partei gegen die andere einen Anspruch hat. In der Mediation steht die Lösungsfindung im Vordergrund (Hamm, Erzigkeit, Sage 2018: 6). Formell betrachtet könnte man nun sagen, dass damit das Claim Management dem rechtlichen Verfahren näher steht, denn auch der Claim Manager prüft die Anspruchsgrundlagen und verbringt einen Großteil seiner Zeit mit Fallprüfung und Strategieaufbau und -umsetzung. Jedoch besteht eine ganz entscheidende Parallele zur Mediation. Denn genau wie bei dieser steht auch beim Claim Management, entgegen anderslautender Meinungen, die Lösungsfindung im Vordergrund. Es soll im Projekt immer weiter gehen, dagegen wirken langwierige Streitigkeiten hemmend und beeinflussen die Arbeitsatmosphäre zwischen den Parteien nachhaltig. In der Mediation wird die Entscheidung nicht anderen überlassen, zum Beispiel Juristen, sondern die Parteien übernehmen Entscheidungsverantwortung (ebd.). Im Projektmanagement ist der Projektleiter der Entscheidungsträger, basierend auf der Zuarbeit und Unterstützung durch sein Team, zu welchem auch der Claim Manager zählt.

3 Methoden der Mediation im Claim Management

Unabhängig von den bestehenden theoretischen Grundlagen für ein gutes Verhandeln im Claim Management ist die Frage, ob es nicht auch zentrale Mittel der Mediation gibt, die nicht nur flexibel einsetzbar, sondern auch eine Basis sind, welche mit ihrem Grundgerüst nicht nur dem Mediator sondern auch dem Claim Manager Sicherheit geben. Im Folgenden wird eine Auswahl dieser Mittel vorgestellt.

3.1 Setting

Oftmals wird dem Setting bei einer Claim Verhandlung wenig bis gar keine Beachtung geschenkt, erscheinen doch die Verhandlungsvorbereitung und -strategie oft als umso wichtigere Methoden zum Erfolg. Dafür spricht, dass der Claim Manager in seiner Rolle als Unterstützer des Projektleiters des Auftragnehmers sich meist einem Machtgefälle zu seinen Lasten gegenübersieht, was einen tatsächlichen Einfluss auf das Setting sehr schwer macht. Aber unmöglich ist es nicht. Hier sollte sich die Blickrichtung verändern. Wenn es bisher erfahrungsgemäß wichtig war, im Verhandlungsraum möglichst immer die Sonne im Rücken zu haben, müssen diese Denkstrukturen aufgelöst und erweitert werden. Denn wenn die Win-Win-Lösung auch im Claim Management das angestrebte Mittel ist, um den Kundenkontakt nicht nachhaltig zu stören, dann sollte auch eine solche Einflussnahme auf das Setting möglich sein, ist sie doch im Interesse aller Beteiligten. Findet die Verhandlung in den eigenen Räumlichkeiten statt, ist dies natürlich umso leichter als in fremden Räumlichkeiten des Kunden.

Um Vertrauen aufzubauen, Misstöne abzubauen und vor allem das Gemeinsame in den Fokus zu rücken und um eine für alle Seiten tragbare Lösung des Konflikts zu finden, müssen die Beteiligten miteinander reden und dies tun sie am besten an einem runden Tisch. Dieser gibt jedem Beteiligten die Möglichkeit sich gleichwertig einzubringen. Natürlich gilt es dabei, ebenso wie in der Mediation, im Claim Management den Eskalationsgrad des Konfliktes zu beachten und die Teilnehmerzahl im Auge zu behalten. Eine hocheskalierte Claim Verhandlung, bei welcher von jeder Partei jeweils bis zu zehn oder mehr Beteiligte teilnehmen, wird schwerlich am idealtypischen runden Tisch zu lösen sein. Jedoch kann der Claim Manager auf diese Methode aus der Mediation zurückgreifen, denn wie die Erfahrung zeigt, werden derartige Verhandlungen meist nie in diesem großen Kreis von Anfang bis zum Ende durchgeführt, sondern es werden je nach Konfliktgebiet bestimmte Verhandlungsgruppen gebildet. Hier kann der Claim Manager eingreifen, indem er in kleineren Gruppen auf ein idealtypisches Setting achtet und dies auch seinen Kollegen in ihren Gruppen nahelegt.

3.2 In der Person – Allparteilichkeit des Mediators vs. Parteilichkeit des Claim Managers

Als wichtigste Eigenschaft des Mediators werden oft dessen Allparteilichkeit und Neutralität betont, der Mediator soll kein Entscheider sein, sondern die Eigenverantwortlichkeit der Parteien bewahren und stärken (Montada, Kals 2013: 57). Damit sei unstrittig, dass Mediator nur sein kann, wer nicht selbst in den Konflikt involviert ist und keine eigene persönliche Betroffenheit und Interessen habe (ebd.: 63). Dementsprechend wäre dem Claim Manager immer Parteilichkeit zu unterstellen, da er nur für eine Konfliktpartei arbeitet. Auch in der Verfahrensführung wird vom Mediator Neutralität verlangt, damit sich jede Konfliktpartei in gleichem Maße in das Verfahren einbringen kann. Diese Allparteilichkeit kann der Claim Manager de facto nicht aufbringen, da sein Auftraggeber die Lösung des Konfliktes in seinem Sinne erwartet. Fraglich ist hier, ob dies immer mit einer Win-Lose-Lösung gleichgesetzt werden muss. Im zeitgemäßen Claim Management steht die Kundenbeziehung im starken Fokus und dem zukunftsorientieren Zusammenarbeiten wird ein hoher Stellenwert beigemessen. In Bezug auf den Mediator wird argumentiert – sollte er die Position einer Partei aufgreifen oder gar eine eigene Position vertreten, torpediere dies seine Autorität als Vermittler und bringt ihn u. U. in eine Verteidigungshaltung, in welcher er seine Position verteidigen, anpassen oder gar aufgeben müsste (ebd.: 64). Allerdings wird dies zunehmend dahingehend weniger restriktiv ausgelegt, als dass der Mediator sich aktiv in die Generierung von Optionen einbringen soll und somit das Verfahren aktiv führen dürfe.

Auch in der politischen Mediation wird eine starke Position und damit eine gewisse Macht des Mediators durchaus gefördert. Das braucht er, um die Strukturen zu sichern und vor allem auch die Ergebnisse innerhalb des Zeitplans zu gewährleisten. Deshalb soll der politische Mediator eine aktivere Rolle einnehmen, damit er die Prozessführung aktiv bei sich behält und nicht nur die Parteien zur Ideen- und Ergebnisfindung ermuntert, sondern die Agenda zielgerichtet durch Impulse vorantreibt (Meister, Gohl 2012: 107).

Diese vom Mediator abgeleitete Vermittlerposition verbunden mit einer aktiven Impulsgebungsrolle kann der Claim Manager durchaus leisten. Voraussetzung dafür ist, dass er von seiner althergebrachten Rolle insoweit abweicht, als dass er in der Lage sein muss Vertrauen bei der anderen Partei aufzubauen. Dieses wiederum kann er durch eine offene Haltung und Transparenz gewinnen. Denn was spricht dagegen, am Anfang einer Verhandlung Vorschläge zu bringen, welche vom eingefahrenen Weg abweichen und den ursprünglichen Verhandlungsprozess hin zu einem mehr an die Mediation angelehnten Prozess zu verändern? Wie schon angesprochen wäre es blauäugig vom Claim Manager, da er nun mal für eine Partei arbeitet, vollkommene Unvoreingenommenheit zu verlangen. Aber genau auf diese Unzulänglichkeit könnte er hinweisen und die andere Partei zum Beispiel aktiv auffordern, dass jedwedes Misstrauen oder Unverständnis konsequent und sofort kommuniziert wird. Darüber hinaus könnte der Claim Manager im Sinne der Freiwilligkeit der Mediation darauf hinweisen, dass die neuen Strukturen veränderbar, anpassbar oder letztlich sogar abwählbar sind, sollte die andere Partei zu dem Schluss gelangen, dass sie sich dabei benachteiligt fühlt.

3.3 Perspektivwechsel

Das Werkzeug des kontrollierten Dialogs kann in einer Claim Verhandlung sowohl für den Claim Manager als auch die Gegenpartei öffnend wirken. Dies geschieht indem man eben nicht auf eine Argumentation sofort zum Gegenschlag in Form von Gegenargumenten ausholt, sondern den Standpunkt des anderen zunächst einmal wiederholt. Dies sichert das eigene Verständnis und verschafft Zeit, sein eigenes Argument noch einmal stärker zu reflektieren. Allerdings zeigen sich hier auch wieder die Grenzen der möglichen Adaption von Werkzeugen der Mediation ins Claim Management. So wird als weiteres Beispiel für Rollenspiele in der Mediation zum besseren Verständnis durch Perspektivwechsel auch die sogenannte „englische Debatte" angeführt. Bei dieser sitzen sich die Teilnehmer gegenüber und sollen sofort nach Darlegung ihres eigenen Standpunktes, die konkurrierende Standpunkte so überzeugend wie möglich vertreten (Montada, Kals 2013: 235 f.). Dies erscheint in einer Claim Verhandlung zumindest fragwürdig. Denn es setzt voraus, dass noch ein Mindestmaß an Vertrauen zwischen den Beteiligten besteht, da sonst leicht der Verdacht aufkommen könnte, die vorschlagende Partei wolle nun auch noch die Gegenpartei dafür einsetzen, Argumente für die eigene Position zu finden. Hier besteht die Gefahr, dass dies auf Unverständnis stößt und im schlimmsten Fall Misstrauen schürt.

3.4 Hypothesenbildung

Claim Verhandlungen werden oft so vorbereitet, dass nicht das Gespräch mit dem vermeintlichen Gegner im Vordergrund steht, sondern die Frage wie weit man rechtlich geschützt gehen kann. Hier hilft ein Umdenken dahin, dass das ureigenste Interesse doch eigentlich die Vereinbarung sein muss. Gerade die Hypothesenbildung wie sie für den Mediator bei der Vorbereitung der Mediation so wichtig ist, kann hier entscheidend helfen. Indem der Claim Manager Hypothesen aufstellt, erfährt er die Vielschichtigkeit des Problems und unternimmt schon den ersten Schritt weg von der bisherigen Angriff- und Verteidigungshaltung hin zu einem tatsächlichen Verständnis der anderen Partei.

Dabei kann er sowohl Vorbildcharakter im eigenen Team haben – indem er in der Vorbereitung nicht nur den sogenannten „Teufels Anwalt“ spielt, sondern anhand der Hypothesenbildung aufzeigt, wie diese den Teufelskreis des eigennützigen Strebens aufbrechen kann, und auch in der Verhandlung mit der Gegenpartei – indem die Gegenpartei eben nicht mehr im Wortsinn gesehen wird, sondern dieser durch die Hypothesenbildung der Versuch ernsthaften Verstehens der Position, auch wenn sie nicht die eigene ist, entgegengebracht wird. Praktiziert der Claim Manager dieses Vorgehen von Anfang an in seiner Projektbegleitung, könnte dieser Lernprozess nicht nur nach innen, sondern im Idealfall auch nach außen wirken, indem auch die andere Partei unter Umständen ihre eigenen Denkansätze überdenkt.

3.5 Elemente aus der Supervision

Als Methode des Claim Managements im Industrieanlagenbau ist die Supervision weitestgehend unbekannt. Dabei sollte sie unbedingt Einzug in den Methodenpool des Claim Managers finden, da sie auch besonders in einem komplexen Claim Prozess mit vielen Beteiligten und Interessen helfen kann, alle Aspekte im Auge zu behalten und die eigene Herangehensweise kritisch zu hinterfragen. Für die Claim Management Supervision ist daher nicht entscheidend, dass die Beteiligten Prozess- und Branchenkenntnis haben. Auf der einen Seite würde eine solche den Erklärungsteil sicherlich durchaus beschleunigen, auf der anderen Seite würde sie jedoch die Ideensammlung gegebenenfalls einschränken, da beispielweise Kollegen einer zu ähnlichen Sichtweise oder auch zu ähnlichen Interessen folgen. Der Methodologie der Supervision aus der Mediation folgend, könnte der Claim Manager in einem projektoffenen Beteiligtenkreis, der aus Datenschutz- und verhandlungstaktischen Gründen zumindest betriebsintern sein sollte, zunächst seinen Fall darlegen, um daran anschließend in einer Verständnisrunde diesbezügliche Fragen zu beantworten. Wenn die Beteiligten dann ressourcenorientierte Hypothesen in der Gruppe gebildet haben, kommt er wieder hinzu und sagt, welche ihn ansprechen. Zusammen mit der Ideensammlung zu möglichen Sichtweisen und Lösungen kann eine Supervision auch dem Claim Manager aus festgefahrenen Verhandlungen zu einem Perspektiv- und Methodenwechseln verhelfen, um selbst einen komplexen oder bis dato in eine

Ecke gedrängten Verhandlungsstand wieder mit neuen Impulsen zu beleben und in eine unter Umständen noch völlig unbeachtete Richtung führen. Ebenso wie sich diese Methode auf eine Co-Mediation anwenden lässt, kann ein dementsprechender Austausch des Claim Managers mit einem Berufskollegen im ersten Schritt durch diesen neuen Ansatz gewinn- da ideenbringend für beide sein.

4 Fazit anhand einer Gegenüberstellung der jeweiligen Prozesse

Verhandlungsprozess CM	Aufbau Mediation
Vorbereitung und Planung	Vorlaufphase
Startphase	Auftakt / Erstgespräch
Verhandlungsphase	Themen / Interessen
Abschluss und Implementierung	Optionen / Bewerten / Verhandeln – Vereinbaren

Abbildung 1: Gegenüberstellung der Prozessphasen (Quelle: Eigene Darstellung).

Der Claim Manager kann die Methodik der Mediation durchaus in sein Handeln einbauen, indem die hergebrachten Strukturen und Denkweisen des Claim Managements aufgebrochen werden, um zu anderen Denkweisen und Methodiken anzuregen. Denn wie die obige Abbildung zeigt, ähneln sich der Mediations- und Claim Management Prozess durchaus sehr. Natürlich sind die verschiedenen Phasen mit unterschiedlichen Inhalten gefüllt. Im Claim Management stehen sich Forderungen gegenüber. D. h. in der Claim Verhandlung werden die Forderungen nacheinander durchgegangen und verhandelt. Aber diese Forderungen enthalten naturgemäß Interessen und bestimmte Themen, die der jeweiligen Partei wichtig sind. D. h. wenn es nach dem Erstgespräch im Mediationsprozess darum geht die jeweiligen Themen zu erarbeiten und so transparent wie allgemeinverständlich für alle Beteiligten klar darzustellen, entspricht diese Themensammlung der Anspruchsliste einer Claim Verhandlung, da auch bei dieser zu Beginn die jeweiligen Forderungen zusammengetragen und als Verhandlungsagenda vereinbart werden. So schnell wie sich dementsprechend die gegenseitigen Positionen und Forderungen identifizieren lassen, so schnell stehen sie sich auch scheinbar unvereinbar gegenüber.

Jedoch aus der in der Mediation folgenden Phase der Interessenklärung kann und sollte sich das Claim Management vom Mediationsverfahren etwas abschauen und lernen. Da es dem Grunde nach in den meisten Claim Verhandlungen letztlich um Geld geht, ist es natürlich umso schwieriger den Fokus der Parteien von diesem weg, auf ihre dahinterliegenden Interessen zu lenken. Hier können die Methoden und Mittel der Mediation, wie sie im Mediationsprozess zum Einsatz kommen, helfen. Denn wie schon beschrieben, kann ein Setting, welches so gar nicht den Erwartungen der anderen Partei entspricht, schon zu Beginn die Stimmung deutlich verändern – im besten Sinn zum Positiven. Der Claim Manager kann seine althergebrachte Rolle aufbrechen und neue Lösungsprozesse anstoßen. Er kann sich die Wirkung eines Perspektivwechsels zunutze machen. Denn genauso wie in der Mediation, steht auch am Ende der Claim Verhandlung eine Vereinbarung und diese ist ebenfalls, wie die der Mediation, dann gut, wenn sie klar, realisierbar, fair, zweckdienlich und interessenausgleichend ist.

5 Literatur

Hamm, Peter / Erzigkeit, Ilse / Sage, Sebastian (2018): So funktioniert Mediation im Planen + Bauen, Praxis der Konfliktbearbeitung ohne Gericht. Wiesbaden: Springer.

Lembcke, Moritz (2013): Handbuch Baukonfliktmanagement. Köln: Werner.

Meister, Hans-Peter / Gohl, Christopher (2012): Mediation und Dialog bei Großprojekten, Frankfurt am Main: Frankfurter Allgemeine Buch.

Montada, Leo / Kals, Elisabeth (2013): Mediation, Psychologische Grundlagen und Perspektiven. Weinheim: Hogrefe.

Schreckeneder, Berta (2012): Projektmanagement und Mediation. In: Kreuser, Karl / Heyse, Volker / Robrecht, Thomas (Hrsg.): Kompetenzmanagement in der Praxis. Münster: Waxmann.

Yvonne Effenberger arbeitet seit über 10 Jahren als Claim Managerin im Projektmanagement im Industrieanlagenbau. Sie studierte Wirtschaftsrecht (LL. M.) und Sozialwissenschaften (Dipl.-Soz. Wiss.). Ihre Ausbildung zur Wirtschaftsmediatorin absolvierte Yvonne Effenberger an der Steinbeis-Hochschule im Jahr 2019.

Spannungsfelder innerbetrieblicher Mediation

Sven Schwerin

Konflikte verursachen erhebliche Kosten in Organisationen und beeinträchtigen deren Effizienz. Als ein Werkzeug zur innerbetrieblichen Konfliktlösung hat sich inzwischen die Mediation etabliert. Gehört ein Mediator derselben Organisation an wie die übrigen Beteiligten, ist er besonderen Herausforderungen ausgesetzt. Er muss diese Spannungsfelder kennen, bewerten und lösen, um seine Aufgabe unabhängig und unparteilich durchführen zu können.

1 Innerbetriebliche Mediation im Lichte der Grundprinzipien

Die Summe der Konfliktkosten in Unternehmen entspricht mindestens 20 % der gesamten Personalkosten. Es besteht ein jährliches Reduktionspotenzial der vorgenannten Konfliktkosten von mindestens 25 % (KPMG 2009: 20). Um diese Kosten adäquat zu managen, greifen Unternehmen zunehmend auf erweiterte Methoden betrieblicher Konfliktbearbeitung zurück, wie z. B. die innerbetriebliche Wirtschaftsmediation, die sich inzwischen als eigenständiges Beratungsangebot etabliert hat (Faller 2014: 17).

Nach dem Mediationsgesetz (MediationsG 2012) hat die Mediation Grundprinzipien zu folgen. Der Mediator muss in seiner Verantwortung für den Prozess der Konfliktbearbeitung (Faller 2014: 49) sicherstellen, dass diese Prinzipien eingehalten werden. Insoweit kommt dem Mediator besonders in der innerbetrieblichen Mediation eine wichtige Rolle zu – nämlich zu beurteilen, ob keine wesentlichen Beeinflussungen vorliegen, die diese Prinzipien unterminieren – und gegebenenfalls Maßnahmen zur Abhilfe vorzusehen.

Im Rahmen einer innerbetrieblichen Mediation sind die beteiligten Parteien in ihrem Handeln durch vertragliche Bestimmungen und Weisungsrechte limitiert. Darüber hinaus sind Zweck und Ziele des Unternehmens zu berücksichtigen.

Somit kann es hinsichtlich der Grundprinzipien zu Einschränkungen kommen, die entsprechend zu bewerten sind.

Faller nennt deshalb weitere Prinzipien, die sich im Rahmen „der innerbetrieblichen Konfliktbearbeitung als sinnvoll erwiesen“ (Faller 2014: 49 ff.). Diese sollen insbesondere dem Rechnung tragen, dass die Beteiligten sich „nicht im luftleeren Raum, sondern in einem mehr oder weniger engen Geflecht von Regeln, Aufgaben, Machtstrukturen und Abläufen“ bewegen (Faller 2014: 49).

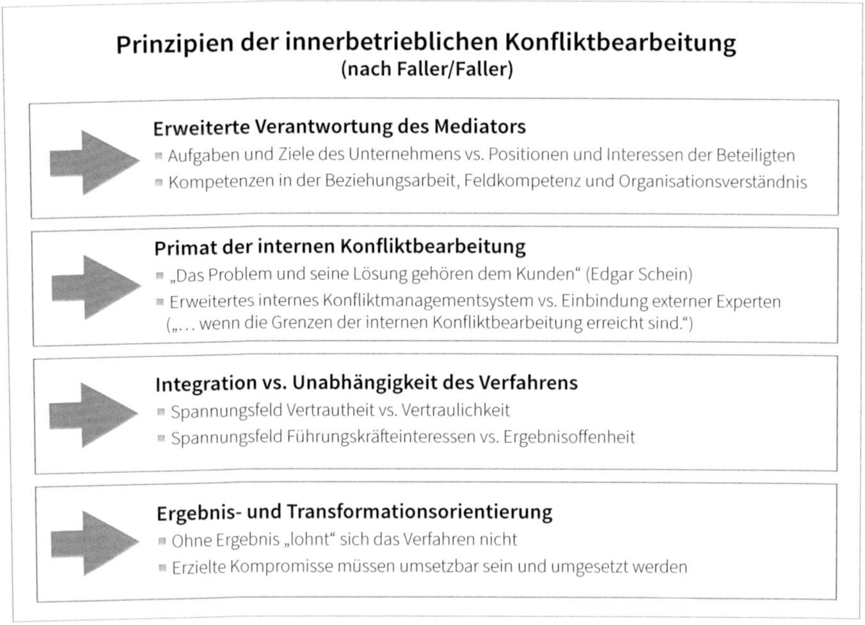

Abbildung 1: Prinzipien der innerbetrieblichen Konfliktbearbeitung (Quelle: Eigene Darstellung in Anlehnung an Faller 2014).

Der Mediator muss im Rahmen der innerbetrieblichen Mediation nicht nur die Belange der Beteiligten im Blick haben. Vielmehr ist es wichtig, auch Aufgaben und Ziele des Unternehmens sowie arbeitsvertragliche Verpflichtungen und sich aus den Rollen der Beteiligten ergebende Aufgaben mit zu berücksichtigen.

Mit seinem speziellen Wissen um interne Eigenheiten „seines" Unternehmens kann der interne Mediator gegenüber externen Personen im Vorteil sein, die sich solche Basisinformationen teilweise erst erarbeiten müssen.

Konflikte sollen in Unternehmen zunächst von den Führungskräften oder internen Anlaufstellen bearbeitet werden. Beispiele hierfür sind Betriebsräte oder Mitarbeitervertretungen, die Einigungsstellen gemäß Betriebsverfassungsgesetz, zunehmend aber auch Elemente eines erweiterten betrieblichen Konfliktmanagements, wie z. B. interne Mediatoren. Externe sollen erst hinzugezogen werden, wenn „die eigenen Maßnahmen nicht greifen" (Faller 2014: 52). Nach Faller hat sich eine Kombination interner und (bekannter) externer Mediatoren bewährt, um die Gesamtverantwortung in der Organisation zu halten, dabei jedoch externe Experten zielgerichtet einbinden zu können (Faller 2014: 54).

Grundsätzlich ist die Mediation ergebnisoffen zu führen, und es handelt sich um ein freiwilliges und vertrauliches Verfahren. Ein vollständiges Ausblenden der betrieblichen Belange – gerade bei der innerbetrieblichen Mediation – ist jedoch kaum möglich. Ebenso sind Erwartungen hinsichtlich der Kommunikation von Inhalten der Mediation zu berücksichtigen – insbesondere dann, wenn der Prozess durch eine gar nicht unmittelbar beteiligte Person initiiert wurde. Der Mediator muss hierfür eine ausgewogene Berücksichtigung aller berechtigten Interessen sorgen. Hinzu kommt, dass er selbst Teil der Organisation ist und somit (vertraglichen und geübten) Restriktionen unterliegt.

Unternehmen sind darauf angewiesen, durch ihre Tätigkeit Ergebnisse zu erzielen. Dies wird auch von Ansätzen zur Konfliktlösung erwartet werden. Der interne Mediator wird sich mithin nicht auf die allparteiliche Begleitung der Medianden bei deren Lösungsfindungsprozess zurückziehen können.

Vielmehr sollte bereits bei der Ausarbeitung von Lösungsoptionen deren Umsetzbarkeit mit betrachtet werden. Dem internen Mediator obliegt es, auch in diesem Zusammenhang für eine angemessene Balance zwischen den Interessen der Beteiligten zu sorgen. Eine Option, die tatsächlich nicht umsetzbar ist, weil gesetzliche oder betriebliche Belange dem entgegenstehen, oder die nur mit unvertretbar hohem Aufwand realisierbar wäre, wird wahrscheinlich vom Unternehmen nicht akzeptiert werden.

Ohne ein umsetzbares Ergebnis wird sich die interne Mediation für die Organisation nicht lohnen.

2 Hierarchien und resultierende Abhängigkeiten in Organisationen

Moderne Organisationen sind durch hierarchische Strukturen geprägt, in denen die (horizontalen) Ebenen vergleichbarer Verantwortungs- und Aufgabenbereiche durch (vertikale) Führungs- und Berichtsstrukturen verbunden sind. Diese sollen sowohl die Kommandostrukturen alter Prägung als auch mehr und mehr „Enabling-Funktionen" sicherstellen (Böhm in Barth 2016: 19 ff.).

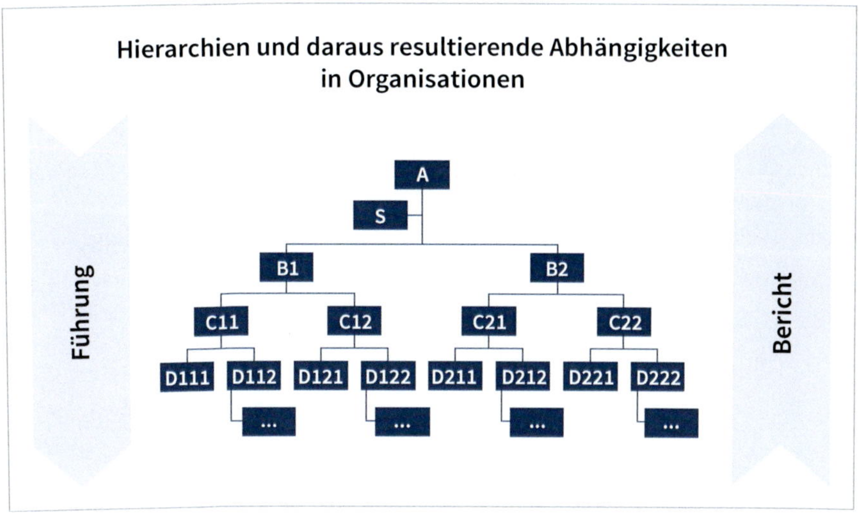

Abbildung 2: Hierarchien und daraus resultierende Abhängigkeiten in Organisationen (Quelle: Eigene Darstellung).

In der vertikalen Dimension verfügen Führungskräfte aufgrund der ihnen übertragenen disziplinarischen Verantwortung über eine gewisse Macht gegenüber den ihnen zugeordneten Mitarbeitern. Gleichgültig, ob diese im Sinne einer Befehlskultur, wie etwa beim Militär, oder kooperativ mittels auf Zielvereinbarungen basierender Incentivierung ausgeübt wird, ergeben sich hieraus Beschränkungen der Handlungsoptionen der Beteiligten. Andererseits sind die

Führungskräfte auf einen angemessenen Informationsfluss angewiesen, ohne den sie ihre Aufgaben nicht oder nur unzureichend erfüllen können.

Auch auf derselben horizontalen Ebene bestehen Abhängigkeiten, die u. a. durch persönliche Interessen bedingt sind. Innerhalb eines Zweigs der Organisation kann beispielsweise ein Wettbewerb zwischen Mitarbeitern bestehen, wer die interessanteren Aufgaben oder den besseren Bonus erhält. Weiterhin können persönliche Karriereerwartungen eine Rolle spielen.

Die genannten Beispiele bergen einerseits selbst jeweils Konfliktpotenzial, vor allem aber ergeben sich daraus Auswirkungen auf eine innerbetriebliche Mediation. Insbesondere Aspekte der Vertraulichkeit, Neutralität, Allparteilichkeit, aber auch der Freiwilligkeit werden zu berücksichtigen sein.

Welche Auswirkungen ergeben sich hieraus für den internen Mediator und seine Rolle:

Der interne Mediator kennt Zweck und Ziele des Unternehmens und die Eigenheiten der Organisation. Wesentliche Akteure und deren Positionen und Interessen können einfacher verstanden werden. Daraus ergibt sich jedoch auch das Risiko, dass sich aufgrund speziell langfristiger interner Beziehungen Missverständnisse ergeben („Betriebsblindheit“) oder Sachverhalte nicht ausreichend hinterfragt werden, um die tatsächlichen Interessen zu ergründen.

Als Teil der Organisation unterliegt der interne Mediator Disziplinarbefugnissen und Berichtslinien und ist zur Loyalität verpflichtet. Er wird nicht völlig unbeeinflusst von Interessen des Unternehmens oder seiner Führungskräfte agieren – was auch gar nicht im Sinne einer innerbetrieblichen Konfliktbearbeitung wäre. Der Versuch der Einflussnahme durch vertraute und bekannte Personen ist nicht ausgeschlossen.

Der interne Mediator ist am Ende Teil der Lösung und muss mit ihr leben.

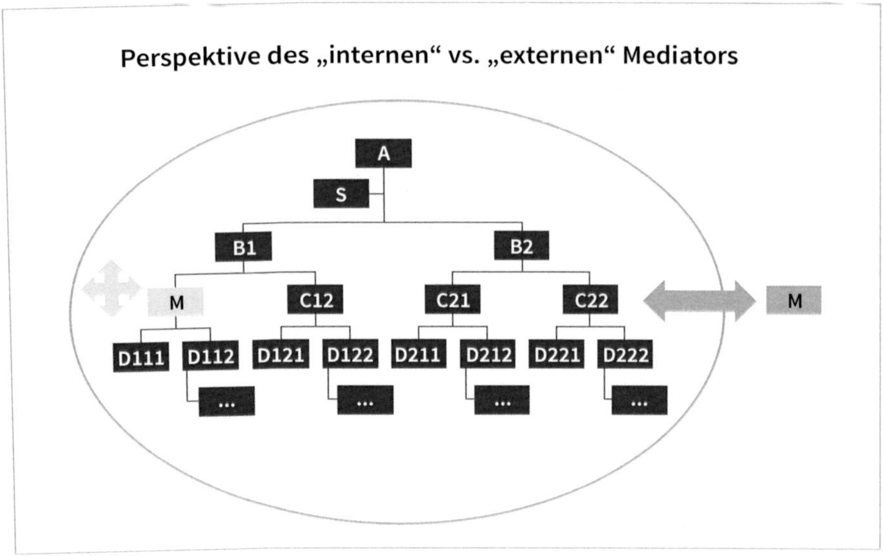

Abbildung 3: Perspektive des „internen“ vs. „externen“ Mediators (Quelle: Eigene Darstellung).

Der externe Mediator wird nach Abschluss seiner Aufgabe meist nicht mehr mit den Ergebnissen konfrontiert sein. Sein „outside-in-view“ kann zusätzlichen Mehrwert für unternehmensinterne Konfliktbewältigung stiften, wenn Optionen identifiziert werden, die bei rein interner Bearbeitung womöglich gar nicht als Lösungsmöglichkeit in Betracht gezogen worden wären.

Als externer Dritter unterliegt er keinem direkten Direktions- oder Berichtszwang. Erwartungen des Auftraggebers sollten aber berücksichtigt werden und über den Mediationsvertrag und die erwartete Vergütung ist auch der externe Mediator an Verpflichtungen gebunden, die erfüllt werden müssen.

Das Grundverständnis der Organisation und ihrer Ziele muss der externe Mediator sich i. d. R. selbst erarbeiten. Das betrifft ebenso Informationen zu internen Regelungen und Vorgaben. Oft wird dabei der Initiator der Mediation eine nicht unwesentliche Rolle spielen. Dies kann auch bei dem externen Mediator zu einer Beeinflussung oder sogar Voreingenommenheit führen.

Beispiele für Beziehungen und Abhängigkeiten im Rahmen der innerbetrieblichen Mediation

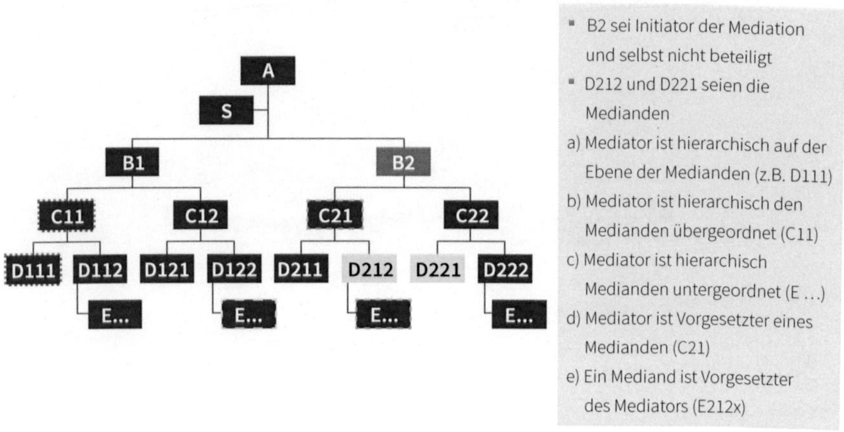

Abbildung 4: Beispiele für Beziehungen und Abhängigkeiten im Rahmen der innerbetrieblichen Mediation (Quelle: Eigene Darstellung).

Unterschiedliche Positionen des internen Mediators im Unternehmen (vgl. Abbildung 4) führen zu unterschiedlichen Graden inhärenter Abhängigkeit. Mit diesen sollte sich der interne Mediator vor Aufnahme seiner Tätigkeit befassen.

In den Fällen a) und b) ist eher von geringer Abhängigkeit auszugehen, sofern der Mediator nicht in derselben oder einer fachlich/inhaltlich sehr nahen Organisationseinheit beheimatet ist. In beiden Fällen ist es vergleichsweise wahrscheinlich, dass Beeinflussungen nicht so stark sind, dass eine Mediation gar nicht in Betracht käme.

Im Fall c) kann es als problematisch wahrgenommen werden, dass neben dem Mediator ausschließlich Personen höherer Führungsebenen beteiligt sind. Insbesondere könnten interne Informationen, die auf Ebene des Mediators nicht bekannt sein sollen, für den Konflikt relevant sein und müssten eigentlich zur Sprache kommen. Das Wissen um inoffizielle Informationen stellt jedenfalls eine wesentliche Beeinträchtigung dar (Rodigast in Barth 2016: 145). Je nach Kultur der Organisation kann es durchaus auch zu persönlichen Vorbehalten kommen, wenn hierarchisch Untergeordnete Führungskräfte bei der Findung von Lösungen anleiten sollen.

Unter den Bedingungen der Fälle d) und e), wenn also der Mediator direkter Vorgesetzter eines Medianden ist oder vice versa, dürfte es eher schwierig sein, ein den Idealbedingungen der Mediation nahekommendes Arbeitsfeld zu schaffen. Laut Rodigast (Rodigast in Barth 2016: 145) ist eine Mediation in diesen Fällen nicht möglich.

3 Spannungsfelder und Auswirkungen auf das Mediationsverfahren

Zur Systematisierung der Spannungsfelder bietet sich folgende Gliederung an: Spannungsfelder, die sich

A. aus der Person des Mediators,

B. aus der Person der / eines Medianden,

C. aus dem / für den Mediationsprozess an sich ergeben.

Unter A. sind Konstellationen zu verstehen, die durch die Position, Interessen oder die hierarchische Eingliederung des internen Mediators bedingt sind. Nicht alle können durch den Mediator aktiv beeinflusst oder gemanagt werden. Gleichwohl ist die Wahrscheinlichkeit bei dieser Kategorie am höchsten, dass der Mediator durch sein Verhalten die Gesamtsituation positiv beeinflussen kann. Dazu kann es auch gehören, andere zu bewegen, eigene Erwartungen an den Prozess zu überdenken und allein dadurch Spannungsfelder zu entschärfen.

Konstellationen unter B. liegen analog zu A. in den Medianden begründet. Diese werden faktisch vom Mediator kaum zu beeinflussen sein. Dennoch kann auch in solchen Spannungsfeldern durch offene Kommunikation und Transparenz einiges erreicht werden.

C. schließlich umfasst Konstellationen, die sich nicht auf eine der beteiligten Parteien fokussieren lassen oder sogar auf das Verhalten Dritter, wie z. B. eines nicht direkt beteiligten Initiators, zurückzuführen sind.

Im Folgenden werden einzelne Spannungsfelder aufgeführt, den genannten Kategorien zugeordnet und hinsichtlich ihrer Relevanz eingeschätzt. Unter Relevanz wird dabei der wahrgenommene Grad der Beeinflussung der genannten Prinzipien und damit der Integrität der Person des Mediators einerseits sowie des Verfahrens andererseits verstanden.

Legende für die folgenden Abbildungen

M	Mediator
P	Partei(en), hier für die Medianden verwendet
I	Initiator, nicht unmittelbar beteiligt
AG	Auftraggeber
VG	Vorgesetzter (Führungskraft in direkter Linie)
Med.	Mediation
Unt.	Unternehmen

■	Hohe Relevanz, sehr schwerwiegende Auswirkung
▦	Erhebliche Relevanz, wesentliche Auswirkung
□	Geringere Relevanz

Auswirkungen auf das Mediationsverfahren
Spannungsfelder (Mediator) **A**

	Beschreibung	Auswirkung / Prinzip	Relevanz
Vertrautheit vs. Vertraulichkeit	▪ M ist mit I / VG gut vernetzt ▪ Allgemein offene Formen der Kommunikation im Unt.	▪ Informationen können den geschützten Raum verlassen ► Vertraulichkeit beeinträchtigt	▦
Zielvorgabe vs. Ergebnisoffenheit	▪ AG definiert Erwartungen ▪ AG setzt enge Leitplanken	▪ M versucht, auf bestimmte Ergebnisse hinzuwirken ▪ Kein „Abschluss" ohne Ergebnis ► Ergebnisoffenheit beeinträchtigt	□
Loyalität vs. Unabhängigkeit	▪ M ist I oder P untergeordnet ▪ Disziplinarische Abhängigkeit	▪ VG nutzt Abhängigkeit aus (formal per Anweisung, informell per Appell an die vertraglichen Verpflichtungen, …) ▪ M kann ohne faktischen Vertragsverstoß nicht mediieren ► Unabhängigkeit beeinträchtigt	■
Sachinteresse vs. Neutralität	▪ M ist in der Sache des Konflikts nicht frei von Eigeninteresse	▪ M versucht, auf bestimmte Ergebnisse hinzuwirken ► Neutralität beeinträchtigt	▦

Abbildung 5: Beispiele für Spannungsfelder (1) (Quelle: Eigene Darstellung).

Auswirkungen auf das Mediationsverfahren Spannungsfelder (Mediator)

A

	Beschreibung	Auswirkung / Prinzip	Relevanz
Parteilichkeit vs. Allparteilichkeit	▪ M ist in der Person einer / mehrerer P nicht frei von Eigeninteresse	▪ M versucht, auf bestimmte Ergebnisse hinzuwirken ▪ Bevorzugung / Benachteiligung einer P ► Allparteilichkeit beeinträchtigt	■
Unt.-Interesse vs. Interesse der P	▪ Aufgaben und Ziele des Unt. müssen berücksichtigt werden ▪ Positionen / Interessen der P sind nicht kongruent	▪ Positionen / Interessen der P werden nur unzureichend reflektiert ▪ Unterordnung unter Unt.-Ziele ► Ergebnisoffenheit beeinträchtigt	■
Machtausübung durch den M	▪ M ist VG einer / mehrerer P ▪ M agiert auf Anweisung Dritter (VG, I)	▪ Med wird als Mittel zur Durchsetzung von Entscheidungen eingesetzt ► Neutralität und Allparteilichkeit beeinträchtigt	■
Verfolgen eigener Ziele („politische Spielchen“)	▪ M (oder I, VG, ...) nutzen Med, um ein / mehrere bestimmte individuelle Ziele zu verfolgen	▪ Med. wird als Mittel zur Durchsetzung von Entscheidungen eingesetzt ► Mehrere Prinzipien verletzt	■

Abbildung 6: Beispiele für Spannungsfelder (2) (Quelle: Eigene Darstellung).

Auswirkungen auf das Mediationsverfahren Spannungsfelder (Medianden)

B

	Beschreibung	Auswirkung / Prinzip	Relevanz
Weisungsgebundenheit vs. Freiwilligkeit	▪ P wird / werden durch VG explizit oder implizit zur Teilnahme an der Med. angewiesen	▪ P nimmt nicht freiwillig teil ▪ Themen werden nicht (vollumfänglich) geklärt ▪ Lösungen sind nicht (langfristig) tragfähig / nicht umsetzbar ► Freiwilligkeit beeinträchtigt	■
Zweifel an der Eignung des Mediators	▪ Im Laufe der Med. gewinnen P den Eindruck, der M sei nicht hinreichend neutral, vertraulich, allparteilich, usw.	▪ Vertrauen in M beeinträchtigt ▪ Vertrauen in Med. beeinträchtigt ▪ i. W. auf Spannungsfelder unter (A) projizierbar ► Med. wird wahrscheinlich früher oder später scheitern	■

Abbildung 7: Beispiele für Spannungsfelder (3) (Quelle: Eigene Darstellung).

Auswirkungen auf das Mediationsverfahren
Spannungsfelder (Mediaden) **B**

	Beschreibung	Auswirkung / Prinzip	Relevanz
Beschränkung der Freiheit des Prozesses	▪ P wählen den M nicht selbst ▪ Beschränkung der Möglichkeit externer Überprüfung ▪ Vorgaben durch I, VG oder Unt. erkennbar	▪ Zweifel an der Med. als geeignetes Verfahren erwachsen ▪ Wahrnehmung von Manipulation ▪ Offene oder versteckte Verweigerungshaltung ► Med wird wahrscheinlich früher oder später scheitern	■
Koalitionen	▪ Es entsteht der Eindruck, Beteiligte oder andere (I, VG) „verschwören" sich	▪ Wahrnehmung von Übervorteilung ▪ Erosion des Vertrauens in die Med. als Verfahren ► Med wird wahrscheinlich früher oder später scheitern	■

Abbildung 8: Beispiele für Spannungsfelder (4) (Quelle: Eigene Darstellung).

Zusammenfassend lässt sich feststellen, dass sich die meisten offensichtlichen Spannungsfelder aus der Person (dem Verhalten, den Beziehungen) des internen Mediators ergeben. Das ist insoweit positiv, als diese auch durch sein Verhalten am wahrscheinlichsten beeinflusst werden können und so das Arbeitsfeld für eine Mediation verbessert werden kann.

Die Ursachen und die Auswirkungen der Spannungsfelder sind jedoch nicht immer und manchmal nur bedingt beeinflussbar. Beispielsweise sind Abhängigkeiten, die sich aus der direkten disziplinarischen Zuordnung des Mediators und eines Medianden ergeben, inhärent und können auch bei bestem Willen nicht vollständig ausgeblendet werden.

Je nach Relevanz können die Spannungsfelder also dazu führen, dass der interne Mediator nicht oder nur unter bestimmten Bedingungen tätig werden kann. Insbesondere, wenn der Mediator und ein Mediand in direkter hierarchischer Beziehung zueinander stehen, ist dies als wesentliche Beeinträchtigung anzusehen. Auch andere Konstellationen können zumindest bedenklich sein – allein aus Gründen der Positionierung in der Organisation und den daraus resultierenden Beziehungen, Erwartungen oder Verpflichtungen.

Dem Mediator obliegt schließlich die Abschätzung, welchen Einfluss die Spannungsfelder auf die Parteien und das Verfahren haben werden und ob, wie und ggf. unter welchen Umständen eine interne Mediation darstellbar ist.

4 Vorschläge zur Bewertung und Entscheidungsfindung

Um eine Entscheidung herauszuarbeiten, muss der Mediator sich mit dem Grad der Beeinflussung befassen, daraus Schlüsse ziehen und ggf. Maßnahmen vorsehen oder auch Alternativen in Betracht ziehen. Als Vorgehensweise dafür eignet sich z. B. der im Folgenden dargestellte Musterprozess:

Abbildung 9: Musterprozess zur Einfluss- und Eignungsabschätzung durch den Mediator (Quelle: Eigene Darstellung).

Phase 1: (Selbst-) Evaluierung des Mediators

Zunächst müssen die Spannungsfelder identifiziert und ihre Relevanz für eine mögliche Mediation eingeschätzt werden. Die relevanten Spannungsfelder sollten dann hinsichtlich ihrer jeweiligen Ausprägung untersucht und bewertet werden. Hierbei kommt es nicht auf eine möglichst detaillierte Analyse oder mathematische Genauigkeit an, sondern vielmehr auf die individuelle Einschätzung des Mediators. So ergibt sich schließlich ein Überblick über die Beeinflussung des Mediators und des Mediationsprozesses für den konkreten Fall. Das Ergebnis kann gleichzeitig auch für die persönliche Dokumentation und zur Qualitätssicherung herangezogen werden.

In der Literatur werden verschiedene Vorgehensweisen hierfür beschrieben und auch Hilfsmittel genannt (Prüfschema zur Neutralität des Mediators in Rodigast 2015: 39 ff.). Alternativ kann auch auf eigene, vereinfachte Selbst-Evaluierungsschemata zurückgegriffen werden.

Phase 2: Identifizierung von Lösungsmöglichkeiten

Im zweiten Schritt ist zu prüfen, ob der identifizierte Grad der Beeinflussung soweit relativiert werden kann, dass keine wesentliche Beeinträchtigung mehr anzunehmen ist. Der Mediator ist ohnehin gehalten, jegliche Befangenheit den Beteiligten transparent zu machen. Somit bietet es sich zunächst i. d. R. an, das Gespräch mit den Beteiligten im Hause zu suchen. Bei weniger schwerwiegenden Beeinflussungen wird sich allein dadurch wahrscheinlich ein Konsens über den weiteren Fortgang erzielen lassen. Darüber hinaus kann ein Erwartungsmanagement – insbesondere auch bei nicht direkt beteiligten Initiatoren der Mediation oder anderen Stakeholdern – die Situation nachhaltig zu entspannen helfen. Sollten sich die Spannungen so nicht ausreichend abschwächen lassen, blieben immer noch „externe“ Lösungsmöglichkeiten offen, wie beispielsweise die Übergabe des Verfahrens an einen anderen (internen oder externen) Mediator oder die Öffnung für eine Co-Mediation.

Phase 3: Klärung alternativer Szenarien

Sollten weiterhin wesentliche Beeinträchtigungen bestehen, kann nach alternativen geeigneten Verfahren gesucht werden. In weniger eskalierten Konflikten kann sich eine direkte Führungsintervention anbieten, sofern dieses Mittel nicht bereits ausgeschöpft wurde oder gar als (mit) ursächlich für den bestehenden Konflikt angesehen wird. Darüber hinaus kämen z. B. individuelle Konfliktberatung, Coaching-Ansätze oder Verhandlungstechniken infrage. Erst als ultima ratio wird der Verweis auf rein externe Verfahren, wie Schieds-, Schlichtungs- oder Gerichtsverfahren in Betracht kommen, zumal deren Vermeidung (und der damit verbundenen Kosten) oft eines der Hauptziele der unternehmensinternen Konfliktbearbeitung ist.

Phase 4: Entscheidung über den Fortgang

Der Evaluierende kann jederzeit zum Schritt „Entscheidung" springen, wenn er bestehende Beeinflussungen als nicht wesentlich einschätzt. Im Ausgang des Evaluierungsprozesses ist jede alternative Verfahrensweise vor ihrem Einsatz mit dem internen Auftraggeber abzustimmen.

Der Mediator sollte sich auch im Verlauf einer Mediation regelmäßig vergewissern, ob er „die Aufgabe vollkommen unabhängig und objektiv durchführen kann" (Kodex 2004). Das betrifft insbesondere lang andauernde Fälle oder solche Zeitpunkte, in denen wesentliche Änderungen im Unternehmen oder bei den beteiligten Personen zum Tragen kommen. Auch hierfür ist der dargestellte Prozess geeignet und kann als Regelprozess anlassbezogen oder turnusmäßig wiederholt werden (vgl. Abbildung 10).

Abbildung 10: Regelprozess zur Einfluss- und Eignungsabschätzung durch den Mediator (Quelle: Eigene Darstellung).

Zusammenfassend muss der Mediator gewissenhaft abwägen, ob sowohl das gewählte Verfahren als auch seine Person hinsichtlich wesentlicher Voraussetzungen nicht „conflicted" sind. Nach erfolgter Beurteilung der Rahmenbedingungen obliegt es hauptsächlich ihm selbst zu klären, ob und ggf. unter welchen ergänzenden Bedingungen er tätig werden möchte oder besser Alternativen in Betracht gezogen werden sollten.

6 Fazit

Neben anderen Methoden und Werkzeugen wird die innerbetriebliche Wirtschaftsmediation zunehmend als eine interessante und kostensparende Lösungsmöglichkeit für Konflikte wahrgenommen. Der interne Mediator ist allerdings aufgrund seiner Stellung im Unternehmen, seiner eigenen Position und Interessen sowie bestehender oder speziell definierter Rahmenbedingungen verschiedenen Spannungsfeldern ausgesetzt. Von diesen kann sich zwar auch ein externer Berater oder Mediator nicht völlig befreien – die Zugehörigkeit zur Hierarchie der Organisation kann es jedoch anspruchsvoll machen, die geforderte Neutralität und Unabhängigkeit vollumfänglich sicherzustellen.

Für den internen Mediator ist es folglich besonders wichtig, sich dieser Spannungsfelder bewusst zu sein und sich mit den daraus entstehenden Beeinflussungen zu befassen. Dadurch transparent werdende Einschränkungen sollten Anlass dafür sein, die eigene Position zu überdenken und angemessene Rahmenbedingungen für ein der Mediation konformes Arbeitsfeld zu schaffen. In bestimmten Einzelfällen wird das vielleicht nicht abschließend gelingen – selbst dann sollten jedoch ausreichend Alternativen zur Verfügung stehen.

Schlussendlich obliegt es dem Mediator, auf der Basis seiner Befassung mit dem konkreten Fall und den jeweils vorliegenden Rahmenbedingungen zu entscheiden, was für ihn selbst die richtige Vorgehensweise ist.

7 Literatur

Barth, Gernot / Böhm, Bernhard / Barth, Jonathan (Hrsg.) (2016): Wirtschaftsmediation – Konflikte in Unternehmen und Organisationen. Stuttgart: Steinbeis-Edition.

Faller, Dorothea und Faller, Kurt (2014): Innerbetriebliche Wirtschaftsmediation. Frankfurt: Wolfgang Metzler.

Kodex (2004): Europäischer Verhaltenskodex für Mediatoren. Mediationsreport 8/2004, S. 3.

KPMG AG (2009): Konfliktkostenstudie. Die Kosten von Reibungsverlusten in Industrieunternehmen. Berlin. Online abrufbar unter: https://kpmg-law.de/content/uploads/2018/07/2009_Konfliktkosten_Reibungsverluste_in_Unternehmen.pdf (abgerufen am 12.09.2019)

Mediationsgesetz (MediationsG) vom 21. Juli 2012: BGBl. 2012 Teil I Nr. 35, S. 1577 f.

Rodigast, Falk (2015): Neutralität in der Mediation. Hamburg: Tredition.

Swen Schwerin, Jahrgang 1970, studierte Wirtschaftswissenschaften an der Universität Leipzig. Seit 1996 ist der Diplom-Kaufmann in Positionen verschiedener Dienstleistungs- und Beratungsunternehmen tätig und trägt Personalverantwortung. Im Jahr 2016/17 absolvierte er eine Ausbildung zum Wirtschaftsmediator an der Steinbeis-Hochschule in Stuttgart.

Mediation von Altersdiversität im Kontext von Change Management in Unternehmen: Konfliktpotenziale erkennen, Ängste minimieren und gemeinsam Zukunft gestalten

Kathrin Hackbarth

Generationenkonflikte sind Ausdruck umfassender Change-Prozesse, die Unternehmen produktiv gestalten müssen. Generationenmanagement mithilfe von Mediation zielt auf die konstruktive Bearbeitung von Konflikten im Betrieb und leistet einen Beitrag für die Etablierung einer zukunftsorientierten Konfliktmanagementkultur, was im Zeitalter der Digitalisierung immer bedeutsamer wird.

1 Einleitung und Zielsetzung

Change Management – der Begriff wird fast schon inflationär in den Medien, auf Wirtschaftsveranstaltungen und in der Industrie eingesetzt. Industrieunternehmen, die sich im internationalen Markt behaupten wollen, arbeiten an der Entwicklung von neuen Visionen und Strategien. Sie nehmen Kurs auf bei der Umsetzung von Umstrukturierungen und notwendigen Zielanpassungen. Aus Sicht der Mitarbeiter sind die getroffenen Maßnahmen und Change-Management-Prozesse oft undurchschaubar, jedoch sind sie von den Wandlungsprozessen direkt betroffen, was vorherrschend als Bedrohung, Fremdbestimmung und als „Diktat von oben" wahrgenommen wird.

Die Frage, die sich stellt, ist, ob und inwieweit es eine Schnittmenge zwischen menschlichen Bedürfnissen des Mitarbeiterstamms und den strategischen Zielen sowie der Umsetzung durch die Unternehmensleitung gibt. Wie nah ist die Geschäftsleitung an den Menschen „dran", die gemeinsam an der wirtschaftlich erfolgreichen Zukunft des Unternehmens arbeiten? Kann die Zukunft tatsächlich, wie in vielen Industrieunternehmen propagiert, ausschließlich mit jungen, fachlich „up to date" und hoch qualifizierten Mitarbeitern gestaltet werden? Wie sieht die Zukunft der älteren Belegschaft aus, wie wird Know-How-Transfer sichergestellt und wie begegnen sich die unterschiedlichen Generationen? Im

Fokus dieser Arbeit steht das Thema „Generationenmanagement", es werden Konfliktpotenziale und Chancen analysiert und zwei mediativ ausgerichtete Lösungsansätze für eine produktive und ressourcenorientierte Zusammenarbeit werden erörtert.

Die Arbeit soll zudem einen Beitrag leisten für eine neue Unternehmenskultur, in der Generationenmanagement als Chance für eine erfolgreiche Gestaltung von Wandlungsprozessen begriffen wird.

2 Change Management in Unternehmen

2.1 Die vier Handlungsfelder des Change Managements nach Dietmar Vahs

Change Management beschreibt generell alle Veränderungen in Organisationen, wobei insbesondere die Veränderungen im Bereich von Restrukturierungsmaßnahmen, der Optimierung von Geschäftsprozessen, Auslagerungsmaßnahmen und Sanierungen fokussiert werden. Wandlungsprozesse und Anpassungsmaßnahmen betreffen immer mehrere Ebenen. Nach Dietmar Vahs können vier Handlungsfelder des Change Managements unterschieden werden:

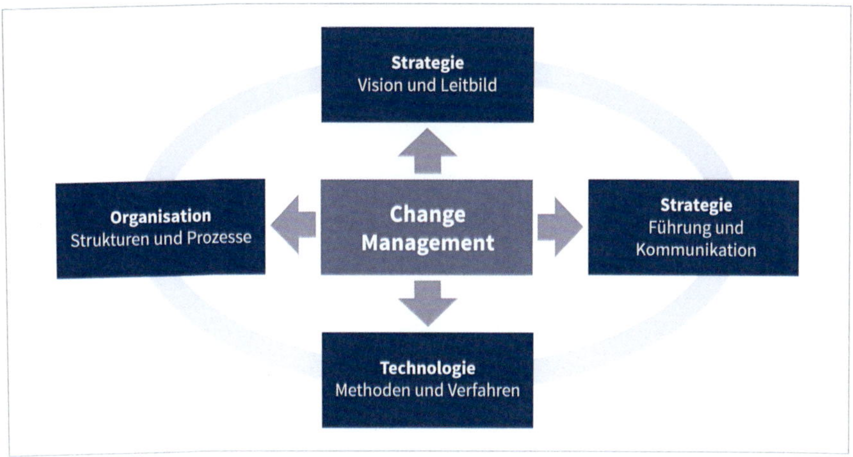

Abbildung 1: 4 Handlungsfelder des Change Managements (Quelle: Eigene Darstellung nach Vahs).

Entscheidend ist laut Vahs dabei die gleichwertige Einbeziehung der vier Ebenen; keine der Ebenen sollte im Change Management isoliert von anderen fokussiert werden: „Geplante Veränderungsmaßnahmen müssen vielmehr in ihrem dynamischen und vernetzten Gesamtzusammenhang gesehen werden“ (Vahs 2004: 3). Deshalb müssen die vier Handlungsfelder bestmöglich aufeinander abgestimmt werden, um die Erfolgspotenziale des Unternehmens optimal zu nutzen.

Allerdings, so die hier vertretene These, wird in der Praxis das Handlungsfeld Kultur oftmals zu wenig beachtet und einbezogen. Nach Vahs werden innerhalb des Handlungsfeldes Kultur die Ebenen der Führung und der innerbetrieblichen Kommunikation fokussiert, die Umsetzung bedingt zwingend eine Veränderung der bisherigen Unternehmenskommunikation: Neue Unternehmensstrategien werden meist als strategische Entscheidungen von der Führungsebene an die Belegschaft verkündet. Wichtig ist jedoch eine Unternehmenskultur, die die innerbetriebliche Kommunikation als einen ständigen „Bottom-up-Prozess“ begreift. Die Einbindung der Mitarbeiter in das Change Management fördert die Schaffung und Verwurzelung von Commitments. Vahs nennt in diesem Zusammenhang die Bedeutung der innerbetrieblichen „Mikropolitik“, die drei Erfolgsfaktoren beinhaltet: a) Machtverteilung, b) Commitment und c) Personalpolitik (Vahs 2004: 5). Untersuchungen zeigen, dass den größten Einfluss auf den Erfolg des Change Managements das mittlere und das untere Management haben, während die Bedeutung des Topmanagements dabei eher gering war (Vahs 2004: 8).

2.2 Mehrgenerationen-Management im Kontext von Change Management

Innerbetriebliche Teams bestehen heutzutage nicht nur aus Mitarbeitern aus verschiedenen Staaten und Kulturen, sondern auch aus mehreren Generationen. Durch die allgemein steigende Lebenserwartung und damit verbundene verlängerte Erwerbszeiten arbeiten heutzutage bis zu vier, in Kürze sogar fünf verschiedene Generationen über Jahre in einem Betrieb zusammen. Mit der Konzentration auf die Weiterentwicklung von Informationstechnologien und dem Schwerpunkt digitaler Lösungen werden für die Unternehmen strategisch notwendige Schritte vollzogen. Diese Ausrichtung auf IT-Technologien geht einher mit der verstärkten Konzentration auf die „Generation Y“ und „digital natives“.

„Babyboomer“ mit jahrelanger Erfahrung und Expertise finden sich nicht selten in Teams wieder, die von jungen und karrierebewussten Führungskräften der „Generation Y“ geleitet werden. Die Relevanz und Auswirkungen der Altersdiversität werden in vielen Unternehmen unterschätzt. Dieser Umstand birgt sowohl Konfliktpotenziale auf der Machtebene hinsichtlich Funktionen und Hierarchien, als auch auf der Ebene der Werte, wie die Übersicht in Abbildung 2 verdeutlicht.

Generationen	Arbeitsweise	Kommunikationsstil	Beziehung zu Kollegen	Loyalität	Führungsansatz	Managementansatz	bevorzugter Lernstil
Babyboomer (1945–1964)	systematisch	Telefon, Face-to-Face	Persönliche Basis	gilt dem Team	demokratisch	fokussiert auf Trends	Austausch von Erfahrungen
Generation X „Generation Golf“ (1965–1979)	anpassungsfähig	E-Mail, Mobiltelefon	„Unter Freunden“	gilt dem Vorgesetzten	gemeinschaftlich	fokussiert auf Leistung	Klassische Trainer/Trainee-Situation
Generation Y „generation me“ (1980–1994)	effizient	Web 2.0	entspannt/„relaxed“	gilt Gleichgesinnten	Einbindung nach Talent und Schwerpunkt	Just in Time	„Edutainment“
Generation Z „digital natives“ (1995–2010)	unbeständig	Social Media (WhatsApp/Instagram)	eher „virtuell“	Trennung von Beruf und Privat	n/a	Fokus auf „Fun“-Faktor	bedarfsorientiertes, digitales Lernen

Abbildung 2: Generationenspezifische Unterschiede im Überblick (Quelle: Eigene Darstellung).

Die Motivation von Mitarbeitern hängt zum großen Teil davon ab, ob und inwieweit ihre altersspezifischen Fähigkeiten und Stärken eingesetzt werden. Mangelnde Motivation führt zu einer Abnahme der Identifikation und emotionalen Bindung an das Unternehmen, was die Arbeitsleistung und somit die Produktivität des Unternehmens negativ beeinflussen kann. Dies kann Altersdiskriminierung fördern, wenn die Ursache dafür nicht in einem fehlerhaften oder nicht vorhandenen Mehrgenerationen-Management gesucht wird, sondern in der Arbeitsmoral der Kollegen (Obermeier 2018). Die Herausforderung besteht darin, diese Strukturen und Kommunikationsbarrieren frühzeitig zu erkennen und Gegenmaßnahmen zu ergreifen. Eine neue „Unternehmenskultur“ kann aber nur dann entstehen, wenn nicht nur die oberste, sondern vor allem die mittlere und untere Führungsebene in ein Mehrgenerationen-Management aktiv einbezogen werden.

Grundsätzlich gilt es, nicht nur negative Effekte abzufangen und zu bearbeiten, sondern zu verinnerlichen, dass Altersvielfalt ein hohes positives Potenzial für das gesamte Unternehmen besitzt. Mehrgenerationen-Management muss als ganzheitliches Instrument betrachtet werden, um die daraus resultierenden positiven Effekte zu ermitteln und zu nutzen.

3 Mediations- und Beratungskonzepte unter Berücksichtigung von Altersdiversität

3.1 Vorschläge für ein Mediations- und Beratungskonzept

Es wurden zwei Lösungsansätze erarbeitet, die unabhängig voneinander, optimalerweise in Ergänzung zueinander, eingesetzt werden können. Lösungsansatz I konzentriert sich auf die Rolle der Führungskräfte des operativen Managements, das sich in einer „Sandwichposition" zwischen den Vorgaben der Geschäftsleitung und den individuellen Anforderungen der eigenen Teams befindet. Lösungsansatz II stellt mit der Ausbildung von Generationenmanagern das Aufeinandertreffen unterschiedlicher Generationen in Projektteams in den Fokus.

Grundlegend für die erfolgreiche Implementierung beider Ansätze ist, dass alle Funktionsträger und Gremien (z. B. Betriebsrat) „mit ins Boot" geholt werden. Insbesondere die Geschäftsführung muss davon überzeugt werden, dass die Annahme „jung = innovativ = gut ausgebildet = Zukunft" erweitert werden sollte zu „Diversität = optimale Nutzung altersspezifischer Kompetenzen = innovatives und erfolgreiches Change Management".

3.2 Ansatz I: Strategiebezogen – Führungskräfte als Mediatoren oder „Konfliktmanager“

Führungskräfte setzen einen Großteil ihrer Zeit dafür ein, Konflikte unter Mitarbeitern zu „bearbeiten“. Deshalb sollten sie auch Kompetenzen in der Konfliktlösung besitzen. Einerseits wird die Fokussierung auf das eigentliche „Kerngeschäft“ erwartet, anderseits sind Führungskräfte gleichzeitig bei der Schaffung von Transparenz bezüglich betrieblicher Entwicklungen und Organisationsziele gefordert. Meist fehlen die notwendigen Umsetzungsstrategien, z. B. die Schaffung von Ressourcen und Zeitfenstern für eine offene und kommunikative Personalpolitik.

Dabei handelt es sich nicht nur um ein organisatorisches Problem. Reinhard Sprenger sagt dazu: „Das, was sie [die Führungskräfte] brauchten, um aufzusteigen: Biss, Talent, Fleiß, Durchsetzungsvermögen, Präsentationsfähigkeit, all das macht sie nicht zu einer guten Führungskraft. Insbesondere technisch ausgebildete Fachkräfte (wie z. B. Ingenieure) unterschätzen die Bedeutung „sozialer“ Faktoren bei der Führungsarbeit.“ (Handelsblatt 2012).

Moderne Führung sollte vielmehr als eine soziale Aufgabe verstanden werden und in die Unternehmens- und Konfliktkultur übergehen. Kommunikationsstärke, Authentizität zudem das Bewusstsein für die eigenen Werte, Stärken und Schwächen sind essenzielle Kompetenzen im Umgang mit altersgemischten Teams, die sich unter anderem auch durch eine unterschiedliche Erwartungshaltung an den Führungsstil auszeichnen. Angedacht ist ein Führungskräfte-Coaching durch einen Mediator und Führungskräfte-Coach. Im Mittelpunkt steht die Sensibilisierung für die verschiedenen Generationen und deren spezifischen Merkmale. Beides unterstützt die Führungskraft in ihrer Aufgabe, „Generationenprobleme“ in den Teams zu erkennen und Prozesse zu initiieren, die zur Prävention von Konflikten beitragen oder darauf abzielen, vorhandene Konflikte „zu bearbeiten“ sowie mögliche Ressourcen zu erkennen und zu nutzen.

Mediations- und Beratungskonzept – Ansatz I: Strategiebezogen			
Rolle	**Operative Führungskraft (FK)**	**Mediator**	**Coach FK**
Konzeptansatz	▪ Sensibiliserung, Motivation und Commitment des Führungsmanagements zum Thema Altersdiversität erreichen ▪ „Werkzeuge" aus dem Mediationsverfahren nutzen, um Bedürfnisse und Erwartungen der verschiedenen Generationen sichtbar zu machen ▪ Begleitung zu einer generationenorientierten Feedbackkultur, Grundlage für eine (neue) Konfliktmanagementkultur im Unternehmen		
Chance aus Sicht FK	▪ Teamressourcen nutzen, Konfliktpotenzial präventiv begegnen ▪ eigene Rolle und Lösungskompetenz im Team stärken, Vorbildfunktion für andere FK (inkl. GL) ▪ altersspezifisch kommunizieren: Wissen um unterschiedliche Arbeits- und Führungserwartungen der Generationen		
Chance aus Sicht MA	▪ Wissensweitergabe und -austausch ▪ eigene Rolle „neu" finden, Ängste / Unsicherheiten nehmen und Change als Chance erkennen		
Ziel mediativer Ansatz	▪ Change-Prozess begleiten ▪ Mitarbeitern (MA) Angst nehmen und Sicherheit geben ▪ generationsspezifische MA-Gespräche führen (Perspektivenwechsel) ▪ Konflikte identifizieren und begegnen	▪ Zielvereinbarungen und Umsetzungskonzept ableiten ▪ Mediation im Konfliktfall, abhängig von Eskalationsstufe ▪ Reflexions- und Feedbackgespräche mit FK	▪ Coaching FK, Vertrauen aufbauen ▪ Reflexions- und Feedbackgespräche mit FK ▪ Team-Workshops (ohne FK) als „Stimmungsbarometer"
Aufgaben konkret	▪ Ausbildung (Workshop / Seminare) ▪ Qualitätssicherung (Review / Feedback) ▪ Fallbezogene Mediation (Eskalationsstufe 1–3 nach Glasl)	▪ Ausbildung (Workshop / Seminare) ▪ Qualitätssicherung (Review / Feedback mit FK / MA) ▪ Fallbezogene Mediation (ab Eskalationsstufe 4 nach Glasl)	▪ Ergänzung / Unterstützung Mediator ▪ Coaching FK ▪ Qualitätssicherung (Review / Feedback mit FK)
Kommentar Voraussetzungen	▪ Rückenstärkung durch GL, Gremien (BR) und direkte Vorgesetzte ▪ ideal: Ausbildung zum Mediator / Konfliktmanager	▪ Erfahrung Mediation zw. FK / MA ▪ Know-how über Altersdiversität / Mehrgenerationen-Management ▪ Konzeptionsstärke	▪ Vertrauensperson für FK (Geheimhaltungspflicht) ▪ Know-how über Altersdiversität / Mehrgenerationen-Management
Widerstände ▸ Argumente / Lösungen	▪ Zweifel an „Neutralität" der FK ▸ Betrachtung und Begleitung durch FK-Coach und Erläuterung Mediation ▪ neue Konflikte „produzieren" ▸ „Werkzeuge" aus der Mediation einsetzen und Kommunikation / Dialog fördern ▪ zeitlice Belastung Führungskraft ▸ langfristig: Optimierung Zeitmanagement durch verbesserte Kommunikation und Präventivmaßnahmen		

Abbildung 3: Ansatz I: Rollen und Aufgaben (Quelle: Eigene Darstellung).

Das Konzept bietet eine große Chance, den Mitarbeitern in Zeiten des Change-Prozesses die Angst vor dem Verlust von Privilegien und Zuständigkeiten zu nehmen. Denn nicht selten werden dadurch Veränderungsprozesse erschwert; z. B. dann, wenn Kollegen aufgrund ihrer langen Betriebszugehörigkeit und Rolle innerhalb des Teams wenig Bereitschaft zeigen, sich zu verändern oder auf Privilegien zu verzichten. Ebenso kann die Befürchtung, nicht entsprechend der Ausbildung und des Talents in Projekte eingebunden zu werden, Frustration erzeugen und blockierend wirken. Eine Führungskraft, die spezifisch gecoacht oder ausgebildet wurde, wird sich der Bedeutung solcher Ängste und Sorgen bewusst werden und kann entsprechend agieren.

Auch wird die Führungskraft in ihrer Rolle gestärkt, indem ihre Lösungskompetenzen anerkannt und sie auch zukünftig als Ansprechpartner und inhaltliche Autorität bei Teamkonflikten zurate gezogen wird.

Regelmäßige Reflexions- und Feedbackgespräche mit der Führungskraft und Team-Workshops, auch ohne Führungskraft, dienen als Stimmungsbarometer. Die Doppelbesetzung mit Mediator und Coach stellt dabei eine optimale Qualitätssicherung dar.

Sollten bereits offene Konflikte in den Teams bestehen, wird basierend auf dem Konflikt-Eskalationsmodell nach Glasl aus den dort definierten neun Konfliktstufen die Konfliktintensität eruiert und entschieden, ob die Führungskraft als Konfliktmanager (Konfliktstufe 1–3: Win-Win-Ebene) oder – ab höheren Eskalationsstufen (ab Konfliktstufe 4: Win-Lose-Ebene) – der externe Mediator eine Mediation vornimmt (Glasl 1999: 215 ff.)

Langfristig gesehen bedeuten ein gut funktionierendes Team und zufriedene Mitarbeiter emotionale und zeitliche Entlastung, deshalb lohnt es sich für jede Führungskraft, Zeit und Energie in die Ausbildung bzw. das Coaching zu investieren, um die Kompetenzen für ein erfolgreiches Konfliktmanagement zu erwerben.

3.3 Ansatz II: Projektbezogen – die Mediation als Grundlage zur Ausbildung von Generationenmanagern zum Einsatz in Projektteams

In Zeiten des digitalen Wandels liegt der Fokus vieler Unternehmensstrategien auf der schnellen Entwicklung von innovativen Produkten. Die Grundlage bilden Projektteams, die über einen gewissen Zeitraum an neuen Projekten zusammenarbeiten. Bei dem hier vorgestellten Ansatz wird der Fokus auf das Thema „Altersdiversität in Projektteams" gerichtet. Ein wichtiger Aspekt von Generationenmanagement ist, den Know-how-Transfer sicherzustellen. „Die Übertragung von Wissen ist (aber) ein wechselseitiges Phänomen, welches voraussetzt, dass nicht nur Wissen von der älteren auf die jüngere Generation übertragen wird, sondern in beide Richtungen ein Austausch stattfindet“ (Bruch / Kunze / Böhm 2010: 131 ff.). Es gilt zudem, auch die wertvollen Ressourcen der Vielfältigkeit zu identifizieren und im Dialog zu nutzen. Die Idee ist, Mitarbeiter aus der Personalabteilung durch einen Mediator zu Generationenmanagern auszubilden, die in den verschiedenen Prozessstufen der Projektarbeit phasenweise eingesetzt werden.

Mediations- und Beratungskonzept – Ansatz II: Projektbezogen		
Rolle	**Generationenmanager**	**Mediator**
Konzeptansatz	▪ dialogisches Lernen / Know-how-Transfer innerhalb Projektteams ▪ Vorteile Einsatz unterschiedlicher Generationen in Projektarbeit aufzeigen ▪ Vorurteile abbauen und Subgruppenkultur vermeiden ▪ Begleitung und Betreuung durch diverse Stufen der Projektarbeit ▪ Feedbackkultur stützen und Konfliktmanagementkultur aufbauen	
Chance aus Sicht FK	▪ Wissen der Generationen zu optimalen und schnellen Teamergebnissen begleiten ▪ Ressourchen generationsspezifischer Eigenschaften und Erfahrungen zur Teamplanung nutzen	
Chance aus Sicht MA	▪ gegenseitige Wertschätzung und wechselseitiges Lernen (Reverse-Mentoring, Job-Tandems etc.) ▪ positiv geprägte Konfliktkultur schaffen	
Ziel mediativer Ansatz	▪ Begleiter, Ansprechpartner in Fragen Altersdiversität ▪ Berater Teamzusammenstellung ▪ „Blitzlichtbetrachter“ und Konfliktberater ▪ Erstellung Kommunikations- / Konfliktguideline	▪ Ausbilder, Unterstützer und Supervisor für Generationenmanager ▪ Neutralität, da extern ▪ „Mediation“ im konfliktfall und abhängig von der Eskalationsstufe
Aufgaben konkret	▪ Ausbildung (Workshop / Seminare) ▪ Qualitätssicherung (Review / Feedback ▪ fallbezogene Mediation (Stufe 1–3) und Supervision	▪ Ausbildung (Workshop / Seminare) ▪ Qualitätssicherung (Review / Feedback ▪ fallbezogene Mediation (ab Stufe 4) und Supervision
Kommentar Voraussetzungen	▪ Ausbildung MA aus HR-Bereich ▪ Ausbildung durch externen Mediator ▪ Rückenstärkung durch GL und FK ▪ Kommunikations- und Moderationsstärke	▪ Erfahrungen mit Mediation bei Themen Change Management, Altersdiversität und Wissen um moderne Teamarbeitsprozesse ▪ Konzeptions- und Moderationsstärke
Widerstände ▸ Argumente / Lösungen	▪ Vorurteile werden eher noch verstärkt ▸ Transparenz durch Vorstellung und Umsetzung des Konzepts ▪ mögliche Subgruppenbildung ▸ im Vorfeld analysieren, involvieren und Überzeugungsarbeit leisten ▪ Zeitfresser ▸ Optimierung Zeitmanagement durch dialogisches Lernen und Mentoring, Unterstützung durch Generationenmanager / Mediator, Prävention durch Kommunikations- und Konfliktguideline	

Abbildung 4: Ansatz II: Rollen und Aufgaben (Quelle: Eigene Darstellung).

In der Ausbildung lernt der künftige Generationenmanager die spezifischen Merkmale, Gemeinsamkeiten, aber auch die Unterschiede der Generationen kennen. Individuelle Bedürfnisse, Kompetenzen, und Expertisen können schnell zu Differenzen oder Bildung von Subgruppen innerhalb des Teams führen, die sich zu sachlichen und persönlichen Konflikten entwickeln können, was den zu erarbeitenden, gewünschten, innovativen und kreativen Konzepten, sowie deren schneller Umsetzung zuwiderläuft.

Im Mittelpunkt steht immer das Projekt, in das alle Teammitglieder ihre spezifischen Kompetenzen einbringen.

Generationenmanager und Mediator interagieren schon bei der Teamzusammenstellung. So wird sichergestellt, dass bereits zu diesem Zeitpunkt die Vielfältigkeit an Fähigkeiten, Wissen und Erfahrungen der unterschiedlichen Generationen positiv zum Tragen kommt.

Zum Projektstart spricht der Generationenmanager mit dem Team offen über mögliche generationsspezifische Vorurteile und sensibilisiert für das Thema der Altersdiskriminierung.

Somit können bereits vorhandene erste Anzeichen frühzeitig erkannt und entsprechend positiv argumentiert werden, nämlich, dass die generationsspezifischen Ressourcen effektiv eingesetzt werden können, z. B. wenn durch dialogisches Lernen das vielfältige Wissen optimal in die Projektarbeit und somit auch in die Lösung möglicher Probleme einfließt. Am Ende gilt es, mit dem Team Regeln zu definieren, die in einer Art Kommunikations- und Konfliktguideline festgehalten werden. Diese dient als gemeinsames Commitment zur zukünftigen Zusammenarbeit.

Während der Projektarbeit zeigt der Generationenmanager als „Blitzlichtbetrachter“ Präsenz. Er bleibt somit auch im weiteren Prozess Ansprechpartner rund um das Thema „Generationenvielfalt“ und kann jederzeit bei sich anbahnenden Differenzen oder Konflikten mediativ eingreifen. Um die Zusammenarbeit auch in der Zukunft optimal zu gestalten, ist nach Beendigung des Projektes ein „Review-Workshop“ für alle bindend. Der Mediator steht dem Generationenmanager auch nach der Ausbildung als Mentor, Supervisor und Berater bei

Bedarf zur Seite und kann jederzeit als Partner in schwierigen Situationen oder bei offenen Konflikten unterstützen bzw. eingreifen.

Insgesamt gilt es, das Thema mit Sensibilität und Gespür anzugehen, sodass sich nicht schon im Vorfeld Gruppen bilden, die sich dagegen sträuben. Hier kann der externe Mediator als neutrale Instanz überzeugend vermitteln, dass in der Mediation immer die Förderung von Kooperation und gegenseitigem Respekt im Vordergrund steht.

4 Zusammenfassung und Ausblick

Die mit dem digitalen Wandel einhergehende und zunehmende Verunsicherung der Belegschaften, die Ablösung bekannter Technologien durch neue, digitale Instrumente und die damit einhergehende Notwendigkeit, sich neue Kompetenzen aneignen zu müssen, erfordern zwingend eine Unternehmensstrategie, die auch die menschliche Ebene mit einschließt. Führungs- und Kommunikationskultur sind Handlungsfelder die Unternehmen produktiv gestalten müssen. Generationenmanagement mithilfe von Mediation zielt einerseits auf die konstruktive Bearbeitung offener und verdeckter Konflikte im Betrieb, anderseits leistet es einen Beitrag für die Etablierung einer zukunftsorientierten Konfliktmanagementkultur. Im Rahmen dieser Gesamtproblematik und den damit verbundenen Herausforderungen nimmt der Mediator eine wichtige Funktion ein. Er agiert bei beiden Lösungsansätzen im Unternehmen nicht nur in seiner Funktion als Konfliktvermittler, sondern in erster Linie als Berater, Coach, Supervisor und Ausbilder.

Beide Lösungsansätze sind ressourcenorientiert. Der Mitarbeiter, ob Teammitglied oder Führungskraft, steht im Mittelpunkt der Betrachtungsweise. Und in allen Schritten wird immer auf die positiven Elemente und Lösungsansätze hingewiesen, auch wenn es darum geht, kritische Stimmen oder fürsorgliche „Mahner“ zu überzeugen.

Das Projekt „Altersdiversität: Ressourcen erkennen und nutzen“ kann zudem als Pilotprojekt zur Implementierung von (neuen) Konfliktmanagementsystemen in Unternehmen dienen. In Zukunft werden auf alle Unternehmen neue, auch innerbetriebliche Herausforderungen zukommen, denen man mit einem funktionierenden Konfliktmanagementsystem und unter Einbeziehung mediativer Grundlagen gut gerüstet entgegensehen kann.

5 Literatur

Bruch, Heike / Kunze, Florian / Böhm, Stephan (2010): Generationen erfolgreich führen. Konzepte und Praxiserfahrungen zum Management des demographischen Wandels. Wiesbaden: Gabler.

Glasl, Friedrich (1999): Konfliktmanagement: Ein Handbuch für Führungskräfte, Beraterinnen und Berater. Stuttgart: Freies Geistesleben.

Handelsblatt (2012): Mehr Führungskompetenz. Online abrufbar unter: https://www.handelsblatt.com/unternehmen/beruf-und-buero/buero-special/mehr-fuehrungskompetenz-junge-menschen-wollen-freiraeume-und-feedback/7215576-3.html?ticket=ST-3238078-N4HBfK6Y4yokaTPfPpY7-ap6 (abgerufen am 14.08.2019).

Obermeier, Marcel (2018): Altersdiversität meistern. Online abrufbar unter: http://www.evidenzbasiertesmanagement.de/dokumente/ebm_dossiers/ebm_14_altersdiversitaet.pdf (abgerufen am 19.09.2019).

Vahs, Dietmar (2004): Change Management in schwierigen Zeiten – Erfolgsfaktoren und Handlungsempfehlungen zur Gestaltung von Veränderungsprozessen. Hochschule Esslingen. Online abrufbar unter: http://www.changemanagementinstitut.tht-esslingen.de (abgerufen am 14.08.2019).

Kathrin Hackbarth arbeitete für renommierte, international agierende Werbeagenturen, bevor sie als Projektmanagerin im Marketing auf Industrieseite wechselte und heute als Teamleiterin tätig ist. Die Ausbildung zur Wirtschaftsmediatorin (Steinbeis-Hochschule) war der folgerichtige Schritt in ihrer persönlichen und beruflichen Entwicklung. Der Schwerpunkt ihrer Arbeit als Mediatorin liegt im Bereich Mehrgenerationen-Management, was angesichts komplexer Veränderungsprozesse immer mehr an Bedeutung gewinnt.

Umgang mit dem „Dazwischen“ in der Kommunikation zwischen Medianden und Mediator – gibt es den widerständigen Klienten?

Katja Restifo

In der Mediation, im Coaching sowie in der Therapie stehen sich immer mindestens zwei Personen gegenüber. Zum einen der Mediator, Coach oder Therapeut und auf der anderen Seite die Medianten, der Coachee bzw. der Klient. Es gibt mindestens ein Thema, welches bearbeitet, besprochen oder geklärt werden soll.

1 Einleitung

In der Mediation, im Coaching sowie in der Therapie stehen sich immer mindestens zwei Personen gegenüber – zum einen der Mediator, Coach oder Therapeut und auf der anderen Seite die Medianden, der Coachee bzw. der Klient. Es gibt mindestens ein Thema, welches bearbeitet, besprochen oder geklärt werden soll. Je nach Wahl des Verfahrens ist der Verlauf des Gesprächs und die Rolle des Mediators, Coachs sowie Therapeuten unterschiedlich. In allen drei Konstellationen begegnet man jedoch sehr häufig demselben Phänomen. Der Behandlungs-/und Gesprächsverlauf ist gefühlt nicht optimal. Der Prozess ist durch innere Widerstände verhärtet, blockiert oder gestört. Die Frage stellt sich, weshalb ist das so? Ist dies bedingt durch den Klienten, der nicht will? Gibt es eine Blockade bei ihm selbst oder ist es durch den Mediator verursacht? Welche Faktoren spielen eine Rolle, die den Verlauf einer Mediation beeinflussen können?

Mit dieser Arbeit soll die folgende Hypothese untersucht werden: „Es gibt keine widerständigen Klienten, es gibt nur einen nicht passgenauen Umgang mit dem Klienten.“

Die Fragen, mit denen sich die Autorin im Detail im Rahmen dieser Studie näher beschäftigen möchte, dreht sich um die Beziehungsgestaltung im Mediationsprozess und deren Bedeutung. Hierbei wird vorausgesetzt, dass die Grundvoraussetzungen wie Allparteilichkeit, Offenheit, Vertraulichkeit, Ergebnisoffenheit, Neutralität gegeben sind und der gewählte Ort und die Sitzpositionen der Beteiligten optimal sind und damit die Struktur des Mediationsprozesses eingehalten werden. Die zu klärenden Fragen sind hierbei:

Welche weiteren weichen Faktoren spielen in der Mediation eine Rolle? Ist die Beziehungsgestaltung ein wesentlicher Erfolgsfaktor für eine Mediation? Welche Kompetenzen benötigt ein Mediator, um die eigenen sowie Widerständen bei den Medianden zu begegnen? Lässt sich der Erfolg einer Mediation somit von dem Faktor Beziehungsgestaltung beeinflussen?

Abschließend ist somit die Frage zu klären: Gibt es den widerständigen Klienten oder gibt es einfach nur den nicht passgenauen Umgang mit dem Klienten?

2 Innere Widerstände / Konflikte

2.1 Innere Konflikte bei Mediator

Ein Mediator kann in der Mediation mit unterschiedlichen inneren Konflikten konfrontiert sein. Persönliche Themen wie Zweifel an seiner Fähigkeit den Prozess gut zu führen und ausreichend qualifiziert zu sein oder private Themen, die ihn im Moment selber innerlich beschäftigen und ablenken, können dazu führen, dass er in keinem ressourcenvollem Zustand ist. Darüber hinaus kann es passieren, dass er mit den Medianden ein Problem hat, weil er Antipathie empfindet und das Verhalten des Gegenübers in der jeweiligen Situation für unangemessen hält. Oft lösen persönliche eigene Erfahrungen aus der Vergangenheit zu dem mediierenden Thema Erinnerungen aus, die ihn selbst blockieren und keine Allparteilichkeit mehr ermöglichen. Genauso können negative Glaubenssätze wie „ich bin nicht gut genug“ oder „ich kann nicht Ungerechtigkeiten hinnehmen“ dazu führen, dass der Mediator einen inneren Widerstand spürt.

2.2 Innere Konflikte beim Medianden

Die Medianden hingegen können dieselben inneren Konflikte und Widerstände begegnen, wie dem Mediator selbst. Der Mediand hat bereits in der Vergangenheit ähnliche Erfahrungen mit Mediation gesammelt, die bei ihm in schlechter Erinnerung geblieben sind. Der bestehende Konflikt setzt so viele negative Gedanken und Gefühle frei, dass der Mediand in einem Stresszustand und damit in keinem ressourcenvollen Zustand ist. Seine negativen Glaubenssätze wie beispielsweise „Zuviel Reden schadet nur" oder „Konflikte löst man selber und nicht mit Dritten" können zudem den Prozess hindern. Ein weiterer Aspekt kann sein, dass die Medianden Zweifel an der Kompetenz des Mediators haben. Weitere Blockaden entstehen, wenn die Medianden fehlende Allparteilichkeit und Vertraulichkeit spüren und sich selbst nicht freiwillig, sondern „geschickt" wurden.

2.3 Erkennen von Widerständen

Innere Konflikte, welche zumeist unbewusst geschehen, finden ihren Ausdruck in verbalem bzw. nonverbalem Verhalten. Symptome wie Schweißausbrüche, Unruhe, Rückzug, Panik können Ausdruck von verbalem Verhalten sein. Emotionale Äußerungen, die eine Provokation bzw. einen Angriff beim jeweiligen Gegenüber auslösen oder wertende geschlossene Fragen wie „es ist ja offensichtlich, dass man mit Ihnen einen Konflikt haben muss!" sind ein wahrnehmbares Zeichen für verbales Verhalten. Beide Verhaltensformen, ob verbal oder nonverbal sind Ausdruck für das „Dazwischen" in der Mediation.

2.4 Umgang mit eigenen Widerständen

Der Mediator trägt die Verantwortung für sich selbst und sollte regelmäßig sich die folgenden Fragen stellen: Wie geht es mir momentan? Was macht die Situation mit mir? Im schlimmsten Falle muss die Mediation beendet und der Fall an einen Kollegen abgegeben werden. Häufig genügt jedoch auch eine Pause einzulegen, um sich selber wieder in einen ressourcenvollen Zustand zu versetzen. Sofern Ankertechniken, Achtsamkeitsübungen und Atemtechniken zum Handwerkskoffer gehören, kann auch eine „Schnellintervention" während des Mediationsprozesses Abhilfe schaffen. Beim Medianden kann man mit entsprechenden Fragetechniken, die nach den Bedürfnissen, den eigentlichen Interessen des Klienten fragen, dem Widerstand begegnet werden. Es kann auch im Nachgang sinnvoll sein, dass persönliche Themen, wie negative Glaubenssätze durch einen Coach bearbeitet werden.

Wenn man nun versucht eine Antwort auf die Frage über das „Dazwischen“ und damit der Bedeutung der Beziehungsgestaltung zu erhalten, hilft zunächst einmal sich die Erkenntnisse aus der Neurowissenschaft sowie der Psychotherapie anzusehen, um in einem nächsten Schritt Rückschlüsse möglicherweise auf die Mediation zu erhalten.

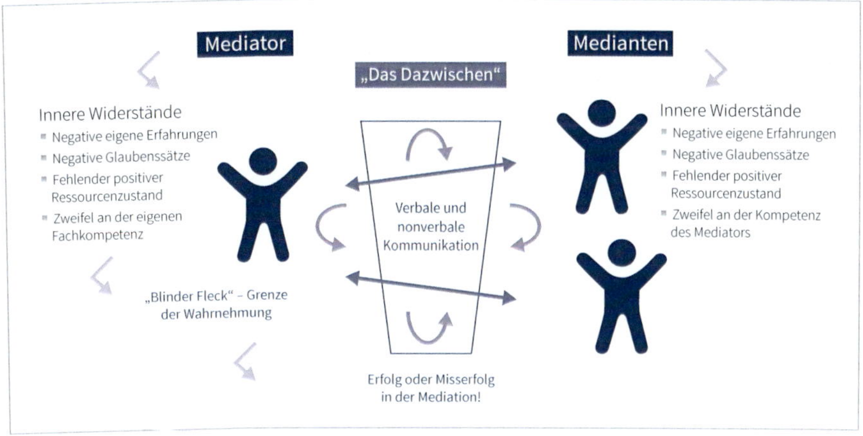

Abbildung 1: „Das Dazwischen“ in der Kommunikation (Quelle: Eigene Darstellung).

3 Stand der Forschung

3.1 Neurowissenschaftliche Aspekte

Um das Wie und Warum der therapeutischen Beziehung besser zu verstehen, kann man die Neurowissenschaft heranziehen. Die Neurowissenschaft befasst sich damit wie Nervensysteme und das Gehirn funktioniert. Hierzu ist wichtig zu verstehen wie unser Gehirn aufgebaut ist und welche Funktion es übernimmt. G. Roth und M. Cierpka haben vor einigen Jahren ein psycho-neurologisches

„Vier-Ebenen-Modell“ der Persönlichkeit uns Psyche entwickelt (Roth und Ryba 2019: 24). Hierbei werden drei limbische und eine kognitive Ebene untersucht.

Das Stirnhirn gilt allgemein als Sitz der individuellen Persönlichkeit und des Sozialverhaltens. Es ist für den kognitiv-sprachlichen Bereich, als rationaler Ratgeber verantwortlich. In diesem Teil des Gehirns finden keine Emotionen statt. Hier werden bewusste Entscheidungen getroffen. Es ist der Sitz unserer Intelligenz. Auf den drei limbischen Ebenen entwickeln sich Persönlichkeit und Psyche. Hier werden Gefühle, Emotionen wahrgenommen, bewusste und unbewusste. Somit übernimmt das Gehirn verschiedene Funktionen, die zum einem auf der kognitiven Ebenen stattfinden und Entscheidungen bewusst durch Abwägungen, Denken getroffen werden und andererseits auf der limbischen Ebenen durch ausgelöste bewusste oder unbewusste Gefühle sowie Wahrnehmungen.

Die neurowissenschaftliche Forschung konnte zeigen, dass zwischen Veränderungen des Erlebens und Verhaltens einerseits und der Verknüpfungsstruktur des Gehirns andererseits, eine wechselseitige Beziehung besteht. Körper und Geist bilden eine Einheit (von Damir del Monte 2015: 9).

Nach G. Roth (Roth und Ryba 2019: 25) existiert immer ein innerer oder auch äußerer Konflikt, wenn die verschiedenen Ebenen der Psyche und Persönlichkeit nicht miteinander im Einklang sind. Dies ist häufig dann der Fall, wenn das Unbewusste etwas anderes will als der Verstand. Bei einem äußeren Konflikt, einem Konflikt mit einem Dritten, tut dieser etwas Anderes als man selber bewusst oder unbewusst möchte. Wenn Konflikte entstehen, sind die Persönlichkeitsebenen und die darunterliegenden Bedürfnisse wie Bindung/Anerkennung, Selbstständigkeit/Autonomie, Kontrolle, Lusterwerb, Leistung und Selbstwert gestört. Der häufigste Grund für Konflikte ist die Störung des Selbstwertgefühls (Leipziger Impulsgespräch: G. Roth 2015: 30 f.).

3.2 Ergebnisse der Psychotherapie-Wirkungsforschung

3.2.1 Was bedeutet „therapeutische Allianz?"

Die therapeutische Allianz beschreibt die Verbindung/Übereinstimmung von Behandler und Patient innerhalb des „therapeutischen" Arbeitsbündnisses" in einer Psychotherapie (Hentschel 2005: 305 ff.).

3.2.2 Psychotherapie-Wirksamkeitsforschung

A. Ryba und G. Roth gehen in ihrem Buch Coaching und Beratung in der Praxis (Ryba und Roth 2019: 148) u. a. auf die Neurobiologischen Grundlagen wirksamer Veränderungskonzepte ein und heben den Wirkfaktor Beziehung ebenfalls als besonders elementar für den Erfolg in einem Coaching bzw. in einer Therapie hervor.

Wirksamkeitsstudien aus dem Bereich der Psychotherapie haben verschiedene Punkte untersucht. „Ein wichtiger Faktor und oft als der wichtigste genannte, ist das Verhältnis zwischen Patienten und Therapeut. Dieses Verhältnis wird auch „therapeutische Allianz" genannt. Damit ist die Ausrichtung auf Emotionen, Bindung und Empathie gemeint" (Ryba und Roth 2019: 12).

Auf unspezifische Wirkfaktoren, zu denen die Beziehung zählt, scheinen 30 bis 70 Prozent der Wirkung von Psychotherapie zurückzugehen. Der Einfluss der Beziehung auf das Therapieergebnis gilt heute als einer der am besten gesicherten Wirkfaktoren (Gahleitner 2017: 80). Diese therapeutische Allianz führt dazu, dass im Gehirn bestimmte Stoffe wie das „Bindungshormon" Oxytocin freigesetzt wird.

3.2.3 Bedeutung von Oxytocin

„Aktuelle Untersuchungen legen nahe, dass Oxytocin generell Einfluss auf die Bindung von Personen nimmt. Die Bindungsfähigkeit wird allgemein gesteigert, Vertrauen gegenüber Mitmenschen gefördert sowie die emotionale Kompetenz begünstigt. Ferner baut es Stress ab und wirkt angstlösend" (von Damir del Monte 2015: 13). „Es kommt zu einer Reduktion des Cortisolspiegels, einem Anstieg des Serotoninspiegels und einer Ausschüttung endogener Opioide, die zu einem Wohlbefinden und Erleichterung beim Klienten führen" (Ryba und Roth 2019: 161).

3.2.4 Neurobiologie der Empathie

Um eine tragfähige Beziehung aufzubauen sind einige grundlegende Voraussetzungen erforderlich. „Die beteiligten Personen müssen sich in Kontakt befinden, müssen einander emotional berühren" (von Damir del Monte 2015: 9). „Von zentraler Bedeutung für Therapeuten und Therapeutinnen ist die Fähigkeit, die Gefühle des Gegenübers nachempfinden und verstehen zu können. Die neurowissenschaftliche Forschung konnte zeigen, dass wir die Gefühle des Gegenübers nachempfinden und verstehen zu können. Die neurowissenschaftliche Forschung konnte zeigen, dass wir die Gefühle anderer teilen, indem wir beim Wahrnehmen dieser Gefühle, jene Gehirnregionen aktivieren, die auch für die Erzeugung dieser Gefühle in uns selbst verantwortlich sind" (von Damir del Monte 2015: 10).

4 Anwendung

4.1 Übertragung der Kenntnisse aus der Neurowissenschaft sowie Psychotherapie auf die Mediation

Die Ergebnisse der **Neurowissenschaft** haben gezeigt, wie das Gehirn aufgebaut ist und welche Funktionen es inne hat. Diese Erkenntnisse und das Entstehen von Konflikten ist somit ein wichtiger Faktor für die Mediation. Der Mediator, der in einer Mediation im Schwerpunkte Konflikte bearbeitet, welche zwischen zwei oder mehreren Parteien existieren, kann sich diese Erkenntnisse zu eigen machen. Mit dem Verständnis, dass jeder Mensch eine individuelle Persönlichkeitsstruktur besitzt, welche wiederum sein Denken, Fühlen und Handeln beeinflussen, ist der erste Schritt für eine wichtige Basis für sein eigenes Interagieren gegeben. In der Mediation wird in der Interessensphase genau auf die Persönlichkeitsebene jedes Einzelnen eingegangen und die darunterliegenden Bedürfnisse erfragt. Dies geschieht durch verschiedene Fragestellungen wie z. B. „Was ist Ihnen bei diesem Thema wichtig?", „Worum geht es Ihnen bei diesem Punkt?".

Damit erreicht man die limbischen Ebenen eines Menschen, wo sich Psyche und Persönlichkeit entwickeln und damit auf die Ebene bewusster und unbewusster Gefühle und Emotionen eingegangen, die Ursache eines Konflikts sein können.

In der **Psychotherapie-Wirkungsforschung** hat man sich stark mit der Bedeutung therapeutischer Allianz auseinandergesetzt und deren Bedeutung für den Erfolg oder Misserfolg einer Therapie untersucht. Dabei wurde durch verschiedene Untersuchungen erkannt, das neben spezifischen Wirkfaktoren, wie z. B. die Therapieform das Thema Beziehung als unspezifische Wirkfaktoren zwischen 30–70 Prozent an Relevanz für den Therapieerfolg hat (Ryba und Roth 2019: 21). Nach J. D. Frank (1961) sind die vier unspezifischen Wirkfaktoren wie Vertrauen, Rahmensituation, Behandlungstheorie sowie Anordnung von Maßnahmen für eine erfolgreiche Therapie maßgeblich (Roth und Ryba 2019: 21). Übertragen auf die Mediation bedeutet dies, dass die Klienten Vertrauen in die Kompetenz des Mediators haben sollten. Der Rahmen, das heißt der gewählte Ort sowie die Sitzordnung in der Mediation, ist nicht zu unterschätzen. Die Struktur in der Mediation sowie der Prozess für sich schon ein Schritt in Richtung Konfliktlösung bedeutet und die Anordnung von Maßnahmen übertragen auf die Mediation die Anstrengung der Beteiligten Lösungen zu finden beinhalten, die in einer verbindlichen Vereinbarung münden.

Interessant hierbei ist die Erkenntnis, dass durch eine therapeutische Allianz im Gehirn bestimmte Stoffe wie das „Bindungshormon“ Oxytocin freigesetzt wird, welches Stress abbaut und Ängste löst. Es kommt zu einer Reduktion des Cortisolspiegels, welcher zu einem Wohlbehagen führt. Übertragen auf die Mediation kann durch einen guten Beziehungsaufbau somit die Konfliktlösungsbereitschaft gefördert werden.

4.2 Kompetenzanforderung an Mediator

4.2.1 Emotionale und soziale Kompetenz

„Emotionen wurden in der Kultur des 20. Jahrhunderts lange als nebensächlich abgetan und waren allenfalls tauglich für den Privatgebrauch. Man billigte sie eher Frauen zu, während Männer für das logische Denken zuständig waren. Heute weiß man, dass beides nicht stimmt. Weder sind Gefühle typisch weiblich, noch ist rationales Denken typisch männlich" (von Kanitz 2015: 26).

Mitte der 1990er-Jahre hat Daniel Goleman ein amerikanischer Psychologe ein Buch über Emotionale Intelligenz einen Umbruch gebracht. Seine Hauptthese stellte die bisherige Sichtweise auf den Kopf: Menschen, die beruflich erfolgreich sind, zeichneten sich häufig nicht durch einen außergewöhnlichen hohen IQ aus, sondern vor allem durch einen ausgeprägten EQ (von Kanitz 2015: 26).

Was bedeutet überhaupt Emotionale Intelligenz (EQ)?

„Nach Daniel Goleman, (1997) umfasst Emotionale Intelligenz die Fähigkeit, die eigenen Emotionen wahrzunehmen, mit diesen Emotionen umgehen zu können, sie in den Dienst einer Sache zu stellen, also sich selbst zu motivieren, sowie die Fähigkeit zur Einfühlung in andere Menschen (Empathie) und zum kompetenten Umgang mit Beziehung" (von Kanitz 2015: 26 f.).

Dies wird nochmals mit der nachfolgenden Abbildung dargestellt:

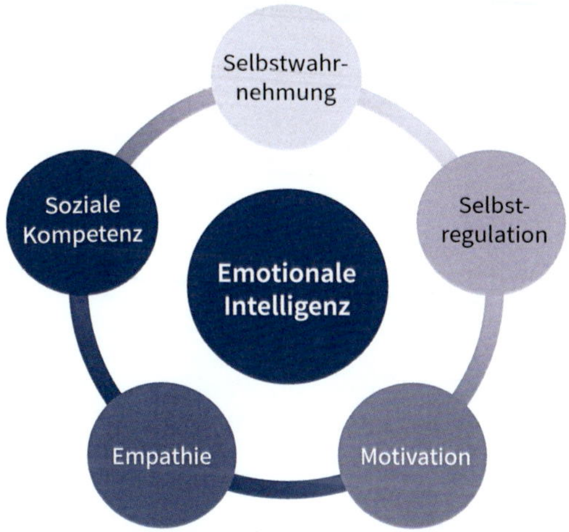

Abbildung 2: Die fünf Bereiche emotionaler Intelligenz (Quelle: Eigene Darstellung nach Goleman 1997).

Zunächst einmal ist wichtig, dass der Mediator **seine eigenen Gefühle wahrnimmt.** Nach Damasio (2002) sind Gefühle ins Bewusstsein geratene und damit dem Denken zugänglich gewordene Emotionen. Interessant ist hierbei die Erkenntnis, dass diese unserem Bewusstsein zugängliche Emotionen auch beeinflussbar sind (von Kanitz 2015: 15). Das emotionale Bewusstsein oder auch emotionale Klarheit ist die Schlüsselkompetenz für alle weiteren Aspekte emotionaler Intelligenz. Es gibt jedoch Stufen der emotionalen Bewusstheit. Von Alexithymie spricht man, wenn man „gefühlsblind" ist, also keinen Zugang zu seinen Gefühlen hat (von Kanitz 2015: 35). Bei solchen Menschen ist es unmöglich, dass sie die Gefühle anderer wahrnehmen können und sind somit als Mediator nicht geeignet. Die höchste Stufe ist die Kausalität. Hier ist der jeweiligen Person die Gründe für das Entstehen der eigenen Gefühle bewusst und können ausgedrückt werden (von Kanitz 2015: 35).

Eine weitere Kompetenz im Rahmen emotionaler Intelligenz ist die **Selbstregulation.** Darunter ist die Fähigkeit zu sehen, seine ins Bewusstsein geratenen Emotionen zu beeinflussen, zu verändern bzw. auf bestimmte Situationen adäquat zu reagieren (von Kanitz 2015: 37).

Ein Mediator muss sich hier die eigenen Fragen stellen: Wie gehe ich mit Wut, Frustration um? Wie stark lasse ich mich von Sympathie bzw. Antipathie leiten?

Durch das Bewusstwerden der eigenen Gefühle und dem Erkennen, weshalb etwas in mir Wut auslöst, ist es möglich dagegen zu steuern, so dass diese „normalerweise" ausbrechende Wut gar nicht mehr so entsteht. Diese Fähigkeit des Gegensteuerns bzw. Verändern von Emotionen ist notwendig, um in schwierigen Situationen in einer Mediation nicht Konflikte selber zu schüren, sondern „neutral" und ausgleichend zu bleiben.

Eine positive Grundhaltung und Hoffnung stellen nach Goleman das wichtigste Fundament der Motivation dar. Sie erzeugen das notwendige Selbstvertrauen zur Aufrechterhaltung der Motivation auch in schwierigen Phasen.

Als vierte Komponente zählt die Fähigkeit **empathisch** zu sein. Hier ist die Fähigkeit gemeint, sich in die Gefühlswelt anderer hineinzuversetzen. Die Gefühle anderer zu erkennen und zu verstehen setzt eine hohe Wahrnehmungsfähigkeit voraus. Durch gutes Zuhören, durch Beobachten der Mimik, Gestik, der Stimme, der Körperhaltung des Gegenübers kann der Mediator über seine Sinneskanäle ein Bild des anderen und seiner Gefühlslage erhalten.

Ein Mensch mit hoher emotionaler Intelligenz kann durch einen Perspektivwechsel annähernd sich vorstellen wie die Person sich in einer bestimmten Situation fühlt. Eine weitere Voraussetzung für ein empathisches Verhalten ist, dass der Mediator ein Interesse an seinem Gegenüber hat und entsprechende Erfahrungen aufweist mit sich selbst (Eigenreflexion) sowie mit anderen Menschen (von Kanitz 2015: 53 f.). Wichtig ist auch, dass der Mediator bei sich selbst Gefühle (bewusst oder unbewusst) zulässt und diese nicht ausblendet, da ansonsten Signale, die in eine ähnliche Richtung bei dem Gegenüber gehen, ebenfalls nicht „gesehen" werden.

Die Fähigkeit, die Gefühle anderer (positiv) zu beeinflussen, mit ihnen richtig zu kommunizieren, zu kooperieren wird als **soziale Kompetenz** bezeichnet (von Kanitz 2015: 60). Dieser Punkt ist im Hinblick auf den widerständigen Klienten und der gemachten Hypothese sehr relevant. Denn genau hier entscheidet es sich, ob es dem Mediator gelingt die „negativen" Gefühle der Medianden ins Positive zu lenken und damit eine Kooperation für den Mediationsprozess zu erreichen.

4.2.2 Bedeutung von nonverbaler Kommunikation

Die emotionale Kompetenz, welche Eigenreflexion und hohe Wahrnehmungsfähigkeit voraussetzt, zeigt seine Wirkung zunächst in verbaler Kommunikation, die von einer inneren positiven Haltung des Mediators geprägt ist. Gleichzeitig beeinflusst diese innere Haltung wiederum unsere nonverbale Kommunikation, welche ihren Ausdruck in Mimik, Gestik sowie Körperhaltung findet. Beides sind wichtig für das „Dazwischen“ und damit die Beziehungsgestaltung in der Mediation.

4.2.3 Gesprächstechniken

Neben den vorgenannten Kompetenzen ist für den Aufbau von Beziehung im Mediationsprozess ebenfalls sehr hilfreich, wenn man bestimmte Techniken berücksichtigt. Hierbei sind folgende kurz erläutert:

- Rapport aufbauen: hierunter ist gemeint, dass man sich auf die Ebene des anderen begibt, seine Sprache spricht. Ziel muss es sein, ein vertrauensvolles Verhältnis, einen Zugang zum anderen aufzubauen. Dies sollte gleich zu Beginn einer Mediation erfolgen.
- Pacen: durch Spiegeln baut man Rapport auf; d. h. man nimmt die Sitzhaltung des anderen ein, spricht mit gleicher Stimme. Dies führt dazu, dass der andere sich wohl fühlt.
- Fragetechniken: offene Fragen formulieren, lineale, reflexive, zirkuläre Fragen anwenden, um Interesse am anderen zu bekunden und um ihn besser zu verstehen.
- Paraphrasieren: das Gehörte nochmals wiedergeben, zusammenfassen. Der Klient fühlt sich damit abgeholt und verstanden.

5 Abschlussdiskussion / Fazit

Abschließend möchte ich nochmals auf meine Eingangsfragen eingehen: „Ist die Beziehungsgestaltung ein wesentlicher Erfolgsfaktor für eine Mediation? Welche Kompetenzen benötigt ein Mediator, um eigenen sowie Widerstände bei den Medianden zu begegnen? Lässt sich der Erfolg einer Mediation somit von dem Faktor Beziehungsgestaltung beeinflussen?“.

Aufgrund der Übertragbarkeit des Gewonnenen aus der Neurowissenschaft sowie der Psychotherapie auf die Mediation, hat das Thema Beziehungsgestaltung meiner Meinung nach eine hohe Relevanz für den Erfolg oder Misserfolg einer Mediation. Damit nimmt der Mediator eine wichtige Rolle ein und zwar als Mensch mit seinen persönlichen Kompetenzen im emotionalen sowie sozialen Bereich. Allein Mediator aufgrund einer Ausbildung zu sein im Sinne „ich verstehe die Technik und Struktur“, genügt aus Sicht der Autorin nicht. Vielmehr muss der Mediator über sich selbst sehr viel wissen, was z. B. seine Antriebskräfte sind, welche Gedanken lösen welche Gefühle aus? Dies ist ein ständiger Prozess, der aufgrund ständig neuer Erfahrungen, Erkenntnisse und Wahrnehmungen sich laufend verändert und auch mit dem Bewusstwerden solcher Gefühle, sein eigenes Verhalten gesteuert und verändert werden kann. Wichtig ist, dass man an seiner emotionalen Intelligenz arbeitet, sich selbst wahrnimmt, reflektiert, negative Gefühle ummünzt, seinen Ärger, seine Wut regulieren kann und damit Selbstverantwortung für sein Wohlergehen übernimmt. Das bewusste Wahrnehmen seiner eigenen Gefühle und das eigene Gegensteuern helfen, um nicht Auslöser eines Widerstandes bei den Medianden zu sein. Gleichzeitig gelingt es einem empathischen Mediator, der die Gefühlswelt des Gegenüber gut wahrnehmen kann, auf innere Widerstände seiner Klienten zu reagieren.

Mit dem Wissen, dass innere sowie äußere Konflikte entstehen, wenn die verschiedenen Ebenen der Psyche und Persönlichkeit nicht miteinander im Einklang sind und damit häufig die darunterliegenden Bedürfnisse bewusst bzw. unbewusst nicht im Einklang mit dem Verstand sind, ist es elementar für den Mediator diese ans Licht zu bringen, um den „wahren“ Konflikt zu erkennen. Einschränkend muss jedoch erwähnt werden, dass tiefsitzende Persönlichkeitsstörungen im Rahmen einer Mediation eher schwierig zu verändern bzw. aufzulösen sind. Es bedarf eines guten Feingefühls des Mediators, hohes Vertrauen in die Kompetenz und Glaubwürdigkeit des Mediators sowie ausreichend Zeit sich den Themen zu nähern und zu erkennen, wo der sensibelste Punkt beim Klienten liegt. Man kann meines Erachtens trotzdem festhalten, dass der Erfolg in einer Mediation wesentlich von dem Faktor Beziehungsgestaltung und damit von dem „Dazwischen“ beeinflusst wird. Die damit aufgestellte Hypothese: „Es gibt keinen widerständigen Klienten, sondern nur einen nicht passgenauen Umgang mit dem Klienten“, ist insofern nicht als allgemeingültig belegt, sondern vielmehr mit der Einschränkung, dass es immer Menschen geben wird, die so tiefliegende Aversionen, innere Konflikte in sich selbst tragen, dass sie selbst positive Grundhaltungen, Fähigkeiten in sozialer sowie emotionaler Hinsicht des Mediators, nicht wahrnehmen und blockieren. Damit ist meines Erachtens eine dauerhafte Konfliktlösung zwischen zwei Parteien nahezu unmöglich. Dies sind aber wenig Einzelfälle, weshalb es sich meines Erachtens lohnt als Mediator in das Thema Beziehungsgestaltung bewusst zu investieren.

6 Literatur

Damasio, A. R. (2002): Ich fühle, also bin ich. München. List Verlag.

Del Monte, D. (2015): Neurowissenschaftliche Aspekte der therapeutischen Beziehung. Online aufrufbar unter: https//damirdelmonte.de/files/delmonte_neurowissenschaftl_aspekte_der_therapeutischen_beziehung.pdf (abgerufen am 02.10.2019).

Frank, J. D. (1961): Die Heiler. Wirkungsweisen psychotherapeutischer Beeinflussung. Vom Schamanismus bis zu den modernen Therapien. Stuttgart: Klett-Cotta.

Gahleitner, S. B. (2017): Soziale Arbeit als Beziehungsprofession. Bindung, Beziehung und Einbettung professionell ermöglichen. Weinheim / Basel: Juventa, S. 80 ff.

Goleman, D. (1997): EQ. Emotionale Intelligenz. München. dtv Verlagsgesellschaft.

Hentschel, U. (2005): Die Therapeutische Allianz. In: Psychotherapeut. Nr. 6. Springer, S. 305–317.

Keysers, C. (2013): Unser empathisches Gehirn. München: Bertelsmann.

Lux, M. (2007): Der personenzentrierte Ansatz und die Neurowissenschaften. München: Reinhardt.

Roth, G. (2015): Leipziger Impulsgespräch, Zeitschrift: Die Mediation, 02/2015, S. 30 f.

Roth G. und Strüber, N. (2018): Wie das Gehirn die Seele macht. Stuttgart 2018: Klett-Cotta.

Ryba, A. und Roth, G. (2016): Coaching und Beratung und Gehirn: Neurobiologische Grundlagen wirksamer Veränderungskonzepte. Stuttgart: Klett-Cotta.

Ryba, A. und Roth, G. (2019): Coaching und Beratung in der Praxis. Stuttgart: Klett-Cotta.

Von Kanitz, A. (2015): Emotionales Intelligenz. Freiburg: Haufe Verlag.

Katja Restifo ist Wirtschaftsmediatorin (Steinbeis) und systemischer Coach mit 30-jähriger Vertriebserfahrung. Das Thema Beziehungsgestaltung steht daher im Mittelpunkt ihres Handelns. Sie beschäftigt sich bereits seit einigen Jahren mit diesem Schwerpunkt und möchte ihr Wissen gerne weitergeben. Seit ca. drei Jahren leitet sie daher ihre eigene Beratungsfirma „Viotell", wo sie Mediation, Einzel- und Gruppencoachings sowie Workshops zu diversen Themen durchführt.

Postinvestigative Mediation

Philipp Schwenkkraus

Der vorliegende Beitrag fokussiert sich auf Anwendungsmöglichkeiten der Mediation nach forensischen Sonderuntersuchungen anhand der Begutachtung der verschiedenen Konstellationen an Medianten. Hierbei werden die Möglichkeiten der Mediation zwischen dem Täter, den Mittätern und dem Unternehmen dahingehend dargestellt, dass sowohl der Schuldfall als auch der Unschuldsfall einbezogen werden. Das System, in welchem untersucht wurde, wird im Anschluss hinsichtlich möglicher Mediationen betrachtet.

1 Zwischen Schuld und Unschuld

Die Frage, die im Raum steht, ist die nach der universellen Lösung, welche jedoch im vorliegenden Beitrag nicht erörtert werden soll. Diese Ausarbeitung befasst sich mit der Thematik, inwiefern Mediation ein hilfreiches Mittel sein kann, die aufgekommenen Konflikte nach einer Sonderuntersuchung zu bewältigen. Da auch „der Anspruch auf rechtliches Gehör ein grundrechtsgleiches Recht" (Sodan 2018: 1126) ist und es „der politische Wille" (Depré 2013: 6) ist, dass mehr außergerichtliche Einigungen möglich sein sollen, soll auch diese Ausarbeitung Mediationen mit allen Beteiligten und Unbeteiligten in Betracht ziehen. Es soll im Nachfolgenden nicht darum gehen, welche rechtlichen Konsequenzen eine Mediation zwischen Täter und Opfer mit sich bringt. Vielmehr soll es darum gehen, soziale Aspekte der Konflikte dahingehend zu beleuchten, um die konfliktäre Lage im Unternehmen wieder in den Griff zu bekommen.

Kurz unterteilt geht es darum, wie der entstandene Schaden wieder behoben sowie der Täter gekündigt und bestraft werden kann. Darauf soll im nachfolgenden Absatz kurz eingegangen werden, um ein Grundverständnis für die Konsequenzen zu schaffen. Die Mediation soll nicht als eine strafbefreiende Möglichkeit betrachtet werden. Für viele, die einer derartigen Tat zum Opfer gefallen sind, stellen der Strafprozess und die einhergehende Verurteilung mit Sicherheit Genugtuung dar. So ist es zwar Aufgabe des Staates sich der Bedürfnisse des

Geschädigten anzunehmen, eine Gerichtsverhandlung ist aber keineswegs eine Therapiesitzung (Ostendorf 2018: 36). Weder ein Gericht noch der Täter können eine Tat ungeschehen machen. Im Folgenden wird zur näheren Betrachtung des Sachverhalts auf die beteiligten Personen, die Beschuldigten, die Unschuldigen sowie weitere involvierte Personen eingegangen.

2 Der Beschuldigte

Schon in der Antike fasste Platon die Seele in drei Teilen zusammen: Vernünftig, unvernünftig und affektgetrieben. Solange die beiden letzten durch den ersten regiert werden, sei ein Mensch gerecht (Von Schlieffen 2018: 48). Der Umkehrschluss sieht somit einen ungerechten Menschen in einer Person, die zum einen unvernünftig und zum anderen affektgetrieben ist. Das sogenannte Betrugs-Dreieck nach Donald Ray Cressey bezieht diesen Gedanken in der Rechtfertigung und Motivation mit ein. Der Mensch, der dolose Handlungen begeht, benötigt hierfür eine gewisse Motivation und eine Rechtfertigung, sowie auch die Gelegenheit dazu.

Beruht die Motivation auf Habgier oder einem finanziellen Engpass, so gründet sich die Rechtfertigung des Beschuldigten in Form einer Selbststilisierung als Opfer und rückt die Tat selbst in ein gerechtes Licht ab von geltendem Recht. In Kombination mit Sicherheitslücken (Gelegenheit) und der Fähigkeit zur Tat entsteht so die Grundlage für dolose Handlungen. Das Betrugsdreieck wurde dahingehend durch David T. Wolfe und Dana R. Hermanson zum Fraud Diamond abgeändert (Wolfe, Hermanson 2004).

Angenommen der Fall einer dolosen Handlung im Unternehmen wurde durch ein Team externer Ermittler investigiert und der Verdacht konnte bestätigt werden. Der Beschuldigte wurde angezeigt und fristlos gekündigt. Der Arbeitgeber fordert Schadensersatz. Wozu eine Mediation? „Gegenüber gerichtlichen Verfahren grenzt sich Mediation dadurch ab, dass Mediatoren im Gegensatz zu Richtern nicht Recht sprechen müssen, nicht herausarbeiten müssen, wer juristisch betrachtet auf der korrekten oder falschen Seite steht“ (Heilmann 2014: 15). Mit diesem Zitat wird ersichtlich, dass es nicht darum gehen soll, den Beschuldigten zu exkulpieren. „Die Mediation [ist] kein Verfahren [...], das sich mit der Vergangenheit beschäftigt. Es geht in der Mediation darum, den aktuellen Konflikt auf Basis der Interessen der Parteien einer Lösung zuzuführen“ (Depré 2013: 34).

Eine Konfliktlösung auf Basis der Interessen würde bedeuten, dass der Beschuldigte Raum findet, diese offen zu legen. Sieht man sich die Motivation aus einer höheren Flughöhe an, unterteilt man diese womöglich nur in Gier und Rache. Verlässt man jedoch diese Flughöhe und arbeitet seine eigentlichen Bedürfnisse heraus, ergeben sich Wünsche nach Sicherheit und Selbstverwirklichung oder das Bedürfnis eines fairen gerechten Umgangs.

Die Berücksichtigung seiner Interessen und der Erfahrung von Gerechtigkeit in der Mediation könnte den Beschuldigten befähigen, die Strafe in einer gewissen Befreitheit anzutreten und sich statt der Rachegedanken im Gefängnis der Reue und der späteren Resozialisierung zu widmen.

Hinsichtlich der Bedürfnisse des geschädigten Unternehmens muss es gemäß des Fraud Diamonds eine Sicherheitslücke innerhalb des Systems gegeben haben. Auch weitere Informationen blieben dem Unternehmen ohne weitere Auskünfte durch den Beschuldigten verborgen, wie zum Beispiel gehortetes Wissen über Prozesse, weitere Kontrollverluste oder weitere Personen, die motiviert wären, sich zu bereichern (verdeckte Konfliktherde).

In Summe betrachtet kann bei beiden Seiten eine Vielzahl an Gründen vermutet werden, die eine Aufarbeitung der Interessen beider Seiten sinnvoll erscheinen lässt. Beruft man sich auf Motamedi, dass der „Mediator [...] kein Richter [ist]“ (Motamedi 1999: 122), und auf den Kommentar der Zivilprozessordnung, dass das Prozessgericht bei der Mediation außen vor ist (vgl. Baumbach 2018: 1198), kann eine Mediation ergänzend zum Gerichtsverfahren für beide Seiten einen unabhängigen Mehrwert bringen.

3 Der Unschuldige

Sollten sich bei der forensischen Sonderuntersuchung keine Beweise ermitteln lassen, dass ein Beschuldigter dolose Handlungen vollzogen hat, bestehen weder Ansprüche auf Schadensersatz noch Möglichkeiten der Bestrafung oder der

Kündigung. Er gilt im Folgenden als vermeintlich unschuldig. Es ist jedoch zu betonen, dass diese Person durchaus schuldig sein kann.

Erfolgte die Beauftragung vielmehr mit der Absicht der Entledigung der Person, instrumentalisiert man die forensische Sonderuntersuchungen dergestalt, dass sich der Blickwinkel auf eine vermeintliche neue Landkarte noch immer vorherrschender Konflikte zwischen dem Unschuldigen und dem Unternehmen ändert.

Das Unternehmen hat noch immer die Absicht, den Unschuldigen loszuwerden. Der Unschuldige hingegen, hat kein Interesse, das Unternehmen zu verlassen. Der einfache Weg wäre ein Aufhebungsvertrag mit Abfindung.

Man könnte jedoch auch versuchen in die Tiefe zu gehen und Bedürfnisse und wahrhaftige Interessen zu heben. Durch das Harvard-Konzept wurde bekannt, dass es sinnvoller ist, bei Verhandlungen auf die Interessen des Gegenübers einzugehen, als auf dessen Forderungen (Depré 2013: 27). Warum besteht dahingehend ein Konflikt, dass getrennte Wege gegangen werden sollen? Ist der Unschuldige ein widerspenstiger Arbeitnehmer, der sich wie ein Querulant stets gegen Unternehmensentscheidungen stellt? Oder macht er seine Arbeit nicht gut? In jedem Fall steht eine Unzufriedenheit mit der Person hinter allem seitens des Unternehmens. Wie wäre es jedoch, wenn man sich dieser Sache annehmen könnte und mediativ dergestalt eine Lösung finden würde, dass eine Fortführung der Arbeitsbeziehung möglich wäre? Ist unter Umständen auch der Unschuldige unzufrieden mit dem Arbeitgeber, der ihn als Vorwand beschuldigt, dolose Handlungen vorgenommen zu haben, weil er ihm nicht gestattet möchte, seine Arbeit so vorzunehmen, wie es der Unschuldige gerne tun würde? So wäre eine Forderung nach einer entsprechenden Abfindung lediglich die Spitze des Eisbergs und nicht mehr. Anhand des Eisberg-Beispiels erkennt man, inwiefern es wichtig ist auf, die zugrunde liegenden Interessen einzugehen, die wie ein Eisberg unter der Oberfläche liegen und nur dessen Spitzen als eigentliche Forderungen sichtbar sind (vgl. Depré 2013: 26).

In Summe betrachtet, erkennt man, dass eine interessen- und bedürfnisorientierte Mediation entweder eine Fortführung der Zusammenarbeit oder ein Ende dieser so begleiten kann, dass nicht nur Spitzen von Eisbergen abgetragen werden, sondern komplette Eismassen. In diesem Fall wäre es auch eine Überlegung wert, ob nicht eine Zwei-Wege-Mediation sinnvoll erscheint. Sollte eine Fortführungsmediation zum Stillstand kommen, da beide Parteien in ihren Positionen vereisen, kann die andere Richtung für ein einvernehmliches Beenden des Arbeitsverhältnisses sorgen.

4 Weitere involvierte Personen

Eine dolose Handlung muss nicht immer nur im Alleingang erfolgen, sondern ist auch als Team durchführbar. Hier können unterschiedliche Personen aus unterschiedlichen Abteilungen zusammenarbeiten. Der Mittäter ist ebenfalls Beschuldigter. Er ist hinsichtlich der Bedürfnisse und Interessen dem Beschuldigten zuzuordnen. Es kann sich jedoch ergeben, dass er versucht, sich dahingehend aus der Affäre zu ziehen, dass er die Tat oder die Planung dem (zukünftigen) leidtragenden Unternehmen vor einer Untersuchung offenbart, um eine Sonderstellung in der Affäre zu erhalten, die womöglich sogar die folgenden Konsequenzen mindern sollen oder weil die Arbeit mit dem bzw. den anderen Beschuldigten einen oder mehrere Konflikte beinhaltet. Hier kann eine Mediation zwischen Mittäter und dem Unternehmen dahingehend einen Konsens herbeiführen, dass das Unternehmen weniger, wenn nicht sogar gar nicht geschädigt wird, der Schaden leichter behoben werden kann, bzw. der Mittäter als eine Art Kronzeuge fungiert.

Nicht ganz gleichrangig agiert der Gehilfe. Er hat unter Umständen nicht den kompletten Überblick und weiß vielleicht auch nicht von der kompletten Tragweite, trägt aber dennoch einen Teil dazu bei, dass die dolose Handlung vollzogen werden kann. Der Gehilfe kann zu einer ähnlichen Haltung kommen. Wie auch beim Mittäter kann er versuchen, noch irgendwie aus der Situation glimpflich zu entweichen.

Der Anstifter lässt die Tat durchführen. Ohne ihn gäbe es unter Umständen keine dolose Handlung. Da seine Beteiligung gering ist, ist auch seine Bereitschaft aufgrund der Angst vor Konsequenzen, sich offenbaren zu müssen, geringer. Das bedeutet nicht, dass nicht auch dieser eine Verhandlung fordern kann. Je mehr er von den Plänen offenbaren kann, desto besser seine Position.

Der Mitwisser weiß von der Tat und gibt davon im ersten Schritt nichts preis, beteiligt sich aber auch nicht direkt oder indirekt an der Tat. Je mehr er der (geplanten) dolosen Handlung antipathisch entgegensteht, desto eher wird er die Tat offenbaren und dem Unternehmen die nötigen Beweise vorlegen. Da er im Vergleich zum Zeugen länger von der Planung und der Tat selbst wusste, befürchtet er unter Umständen ebenfalls Konsequenzen, die ihn zu einer Verhandlung bzw. Mediation leiten könnten. Eine mögliche Forderung wäre ein gewisser Zeugenschutz vor seinen Kollegen. Jede Forderung bildet hierbei einen Ansatzpunkt für eine mediative Verfahrensweise. Da das Unternehmen ein berechtigtes Interesse hat, so viele Informationen über geplante oder durchgeführte Taten zu haben, stehen diesen Personen valide Angebote zur Verfügung, die sie in der Mediation dem leidtragenden Unternehmen machen können.

5 Krieg nach dem Frieden

Verlässt der gekündigte Mitarbeiter das Unternehmen, bleibt nicht die Zeit, sich seinen Kollegen zu erklären. Anderenfalls möchte der Beschuldigte die Streitsache seinen Kollegen möglicherweise nicht darlegen. Es entsteht für das System der Abteilung eine Zäsur. Es bilden sich Konflikte durch entgegenlaufende Meinungen, Gerüchte und einem gestörten Informationsfluss (Heilmann 2014: 18).

Systeme „benötigen Sinn, um zu überleben und um sich fortentwickeln zu können“ (Beck / Schwarz 2008: 86), welcher nach der Zäsur die Suche nach den Gründen des Ausscheidens wird. Gemäß der Systemtheorie ergibt sich ein Selbsterhaltungsgrundsatz ähnlich des thermodynamischen Gleichgewichts der Physik, wodurch die Abteilung auf Einfluss von außen schwer reagieren wird. Es entstehen vermehrt zu bewältigende Konflikte allein beruhend auf der Verunsicherung mangels ausreichender Informationen über die Kündigung des Beschuldigten, sowohl innerhalb der Abteilung als auch gegenüber der Unternehmensleitung. In einem Zitat resümiert: „Je mehr Personen und Ebenen in dem Konflikt aktiv sind, desto komplizierter sind die Verhältnisse, desto komplexer das Konfliktgewebe“ (Beck / Schwarz 2008: 88).

Nitzsche (2009: 35) vergleicht einen Konflikt mit einem Dampfkochtopf dahingehend, dass wenn kein Druck entweichen kann, sich dieser selbst ein Ventil sucht. Mangelt es an Mechanismen für eine frühzeitige Konfliktbewältigung entwickelt sich ein plötzliches Konfliktungetüm, für dessen Entledigung es bei zunehmender Konfliktstufe der Hilfe eines Mediators bedarf (vgl. Depré 2013: 22; Kreyenberg 2008: 98). In dem hier vorliegenden Fall ist Verschwiegenheit umso mehr unerlässlich. Die Medianten können einvernehmlich diese Verschwiegenheit unter sich und gegenüber Außenstehenden dahingehend regeln, dass zum einen die prekären Informationen nicht nach außen dringen und zum anderen etwaige Verschwiegenheitsvereinbarungen zwischen dem Unternehmen und dem Beschuldigten nicht verletzt werden, sollte eine Mediationsklausel vereinbart worden sein.

Beruft man sich auf Heilmann (2014: 12), stehen zwei wesentliche Aspekte im Vordergrund, die die These unterstützen, dass eine mediative Konfliktunterstützung beispielweise durch einen Konfliktworkshop im Fall der verlassenen Abteilung Erfolg bringend sein kann. Diese sind zum einen, dass man sich bei der „Mediation auf den zwischenmenschlichen Prozess" (Heilmann 2014: 13) fokussiert, und zum anderen, dass der Konflikt durch Vertraulichkeit und beschränkte Öffentlichkeit das Gesicht des Unternehmens wahren kann.

Blickt man zuerst auf die Teilnehmer der Mediation, erschließt sich, dass es nicht vorrangig darum geht, die Effizienz des alten Systems wiederherzustellen. Zuerst wird sich die Konfliktlösung unmittelbar direkt auf die Teilnehmer an sich auswirken. Die Lösung von Konflikten führt zu gereinigter Stimmung, erhöhtem Verständnis und zu positiven Verfestigung des Teamzusammenhalts (Nitzsche 2009: 38). Der Kommunikationsfluss wird nach und nach wieder zunehmen und offener gestaltet. Gemäß Diedrichs und Krüsi (2012: 26) bestimmen die Schnelligkeit und die Effizienz einer Kommunikation den Erfolg eines Teams. Nach Kreyenberg (2008: 86) ist jener Fluss ein erheblicher Faktor für die Teamarbeit und nach Leavitt (1979: 277) für „die Leistungsfähigkeit einer Gruppe."

Der gordische Knoten ist gelöst, der Konflikt bewältigt und das Team arbeitet in seinem gewohnten Trott. „Hervorragend", mag man denken, doch ist das der Weisheit letzter Schluss? Gewiss, wenn man in einer utopischen Sichtweise dem Gedanken gegenübersteht, jedoch nicht wenn man in einer rationalen Betrachtungsweise kritisch den Prozess betrachtet.

Geht man zurück auf die Theorie nach Glasl (2004) mit der These, dass eine Betreuung ab der dritten Konfliktstufe durch eine neutrale Person essenziell zur Konfliktbewältigung notwendig ist, stellt sich die Frage, ob ein systemischer Konflikt, der auf den ersten Blick als gelöst gilt, nicht doch versucht, sich selbst zu erhalten und alte unerwünschte Verhaltensmuster bei den Konfliktteilnehmern zu Tage treten. So ist es unabdingbar, sich weiter mit dem Team zu befassen und zu beobachten, ob der Konflikt wirklich gelöst wurde oder, ob er nicht still verdeckt unter der Oberfläche weiterwirkt. Dementsprechend ist nach jeder vermeintlichen Konfliktbearbeitung ein Nachhalten essenziell. So führt auch Kreyenberg (2004: 186) an, dass eine routinemäßige Prüfung „mittelfristig eine positive Team- und Konfliktkultur" fördert.

6 Eine Gesamtbetrachtung

Der mögliche Täterkreis bei forensischen Sonderuntersuchungen wird nicht nur um den Verdächtigen, sondern auch um mögliche Beteiligte gezogen. Entsprechend liegen drei Kerntypen an Personen vor: Der Beschuldigte, der Unschuldige und die möglicherweise involvierten Personen. Jede dieser Personen hat unterschiedliche Motive, zum einen die Tat zu begehen oder sich an dieser zu beteiligen und zum anderen eine Mediation in Anspruch zu nehmen. Nicht immer sind die Motive zeitnah ersichtlich. Eine innere Kündigung beispielsweise war auch für das Unternehmen vor der Untersuchung nicht leicht zu erkennen, da die Einstellung mehr einem „lautlosen Protest" (Kirchler/Rodler 2001: 95) gleichkommt. Es hat sich daher gezeigt, dass nicht nur die hier aufgeführten Personen, sondern auch das Unternehmen ein Interesse daran haben kann, dass mit einer Mediation Licht ins Dunkel gebracht wird. Das liegt nicht minder auch daran, dass Führungskräfte laut Rüttinger und Sauer (2000: 100) selten mit den Menschen verkehren, die ein anderes Bild vom Unternehmen haben, Kritik ist meist nicht nachvollziehbar, weswegen oft schwelende Konflikte bei ganzen Abteilungen vorliegen.

Jede forensische Sonderuntersuchung birgt das Risiko, dass tertiäre Personen, wie Teams, Abteilungen oder das ganze Unternehmen, nicht ausreichend mit Informationen versorgt wurden oder bestehende Konflikte, die in die Motivation des Täterkreises eingeflossen sind, nicht bewältigt wurden. Es besteht somit die Chance, nach einer derartigen Ermittlung mit mediativen Elementen, eine normale Vertrauens- und Arbeitsbasis wiederherzustellen. Hierbei ist mahnend anzuführen, dass vor allem positive Wertschätzung und eine Begegnung mit Ehrlichkeit essenz

iell für den Umgang ist (Brinkmann 2002: 38). Gerade bei derartigen Themen bedarf es der gebotenen Vertraulichkeit und Sensibilität des Mediators.

7 Literatur

Baumbach, Adolf / Hopt, Klaus J. (2018): Handelsgesetzbuch mit GmbH & Co., Handelsklauseln, Bankund Kapitalmarktrecht, Transportrecht (ohne Seerecht). München: C. H. BECK Verlag.

Beck, Reinhilde / Schwarz, Gotthart (2008): Konfliktmanagement. Grundlagen und Strategien, 3. Aufl. Regensburg. Walhalla Verlag.

Depré, Peter (2013): Streitfälle außergerichtlich lösen. Die Alternativen zum staatlichen Gerichtsverfahren kennen und nutzen. Berlin: Walhalla Verlag.

Diedrichs, Annette / Krüsi, Dominique (2012): Durchstarten mit dem neuen Team. Aufbau einer ressourcenorientierten Zusammenarbeit mit Verstand und Unbewusstem. Bern: Huber Verlag.

Glasl, Friedrich (2004): Konfliktmanagement: ein Handbuch für Führungskräfte, Beraterinnen und Berater, 8. Auflage, Bern. Hauptverlag.

Heilmann, Monika (2014): Mediation. Offenbach am Main: Gabal Verlag.

Kirchler Erich / Rodler, Christa (2001): Motivation in Organisationen. Wien: Wiener Universitätsverlag.

Kreyenberg, Jutta (2004): Handbuch Konfliktmanagement. Konfliktdiagnose, -definition und -analyse; Konfliktebenen, Konflikt und Führungsstile; Interventions- und Lösungsstrategien, Beherrschung der Folgen. Berlin: Cornelsen Verlag.

Kreyenberg, Jutta (2008): Konfliktmanagement: Training International. Berlin: Cornelsen Verlag.

Leavitt, Harold (1979): Grundlagen der Führungspsychologie. Landsberg am Lech: Verlag moderne Industrie.

Motamedi, Susanne (1999): Konfliktmanagement. Vom Konfliktvermeider zum Konfliktmanager. Offenbach am Main: Gabal Verlag.

Nitzsche, Isabel (2009): Praxisbuch Konfliktlösung, Konstruktiv und selbstbewusst im Umgang mit Kunden, Kollegen und Geschäftspartnern. Wien: Linde Verlag.

Ostendorf, Heribert (2018): Strafprozessrecht. Baden-Baden: Nomos Verlag.

Rüttinger, Bruno / Sauer, Jürgen (2000): Konflikt und Konfliktlösen. Kritische Situationen erkennen und bewältigen. Leonberg: Rosenberger Fachverlag.

Sodan, Helge (2018): Grundgesetz. München: C. H. BECK Verlag.

Von Schlieffen, Katharina (2018): Rechtsphilosophie. Grundlagen für das Jurastudium. Paderborn: Uni-Taschenbücher Verlag.

Wolfe, David T. / Dana R. Hermanson (2004): The Fraud Diamond: Considering the Four Elements of Fraud. CPA Journal 74.12: 38–42.

Philipp Schwenkkraus ist Wirtschaftsmediator (Steinbeis) und Wirtschaftskriminalist bei KPMG. Im Rahmen seiner Tätigkeit erlebt er bei jedweden forensischen Sonderuntersuchungen dergestalt Konflikte, dass er sich diesen mediativ annimmt, um die Effizienz in den betroffenen Abteilungen wiederherzustellen.

Kulturelle Besonderheiten der Wirtschaftsmediation in Deutschland und Frankreich – Interkulturelle Herausforderungen an den Mediator

Judith Alison Eichberger

Dieser Beitrag befasst sich mit den kulturellen Unterschieden der Nachbarländer Deutschland und Frankreich und untersucht, wie diese sich in Wirtschaftsbeziehungen äußern können. Es wird der Frage nachgegangen, wie Mediation in Konfliktsituationen zwischen deutsch-französischen Handelspartnern Hilfestellung leisten kann. Aus den gewonnenen Erkenntnissen werden schließlich Handlungsempfehlungen für den Mediator abgeleitet.

Lange Zeit verbanden die Franzosen den deutschen Bürger mit dem Bild des Dichters und Träumers. So beschrieb ihn schon der französische Romancier Gustave Flaubert in seinem Dictionnaire des Idées Reçues (Flaubert 1913: 40). Diese Vorstellung änderte sich drastisch mit den drei Kriegen, die die beiden Nachbarländer seit 1870 erschütterten. Ab diesem Moment äußerte sich die Beziehung zwischen Frankreich und Deutschland lange Zeit in Form von Misstrauen. Erst nach dem Zweiten Weltkrieg wurden die ehemaligen Erbfeinde zu Freunden. Formal wurde die deutsch-französische Freundschaft im Élysée-Vertrag vom 22. Januar 1963 festgehalten (Sauzay 1986: o. S.). Um die guten Beziehungen zwischen den Nachbarstaaten wiederaufzubauen, wurde eine Reihe von Kooperationsmaßnahmen in den Bereichen Politik, Sicherheit, Kultur und Jugend eingeführt, die bis heute fortwähren. Der Aachener Vertrag vom 22. Januar 2019, unterschrieben von Bundeskanzlerin Angela Merkel und Präsident Emmanuel Macron, knüpft an den Élysée-Vertrag an und bestätigt die bestehende deutsch-französische Freundschaft.

Auch auf wirtschaftlicher Ebene konnte eine Vertrauensbasis wiederhergestellt werden: Deutschland und Frankreich sind heute füreinander jeweils der größte Handelspartner (connexion-emploi 2018: o. S.). Auf französischer Seite wurden im Jahr 2015, mehr als 1600 deutsche Unternehmen, die in Frankreich aktiv sind (darunter 1945 Tochtergesellschaften, 4593 Niederlassungen) gezählt und auf deutscher Seite wurden über 5000 französische Filialen registriert (connexion-emploi 2018: o. S.).

Trotz dieser Fortschritte bestehen Unterschiede in den deutsch-französischen Mentalitäten, die sich insbesondere in den Handelsbeziehungen zu Hindernissen entwickeln können. So kommt es beispielsweise immer wieder zu Konflikten zwischen Tochtergesellschaften bzw. Auslandsniederlassungen, die zwischen den Bedürfnissen ihrer lokalen Märkte und den Vorgaben ihres Mutterhauses im Konflikt sind. Auch innerhalb von deutsch-französischen Arbeits- und Projektteams können Reibungspunkte entstehen (Breuer, de Bartha 2018: o. S.).

Wer Synergien und Gemeinschaftsprojekte *über Ländergrenzen hinweg entwickeln will, muss sich über die kulturellen Unterschiede bewusstwerden.* Mediationsverfahren können eine Hilfeleistung darstellen, denn sie bieten im Konfliktfall die Möglichkeit, schnelle und ressourcenschonende Lösungen zu finden oder aber potentielle Missverständnisse schon im Vorhinein aus dem Weg zu räumen.

In diesem Beitrag wird folgender Fragestellung nachgegangen: *Welche Voraussetzungen muss ein Mediator erfüllen, wenn er in grenzüberschreitenden deutsch-französischen Wirtschaftskonflikten vermittelt?* Um dieser Frage auf den Grund zu gehen, werden zunächst die kulturellen Unterschiede zwischen den beiden Nachbarländern herausgearbeitet. Dabei wird untersucht, wie sich diese am Arbeitsplatz äußern und welche Implikationen daraus für den Mediator resultieren.

1 Kulturelle Unterschiede zwischen Deutschland und Frankreich

Die Erfassung kultureller Unterschiede stellt eine komplexe Aufgabe in der sozialwissenschaftlichen Forschung dar. In der komparativen Kulturanalyse besteht unter den Sozial- und Kulturwissenschaftlern weitestgehend Konsens darüber, dass das Individuum sein Handeln nach bestimmten Mustern ausrichtet, die ihm durch seine kulturelle Prägung vorgegeben sind (Cappai et al. 2010: 7). In der Literatur finden sich darüber hinaus zahlreiche Werke, die sich mit Definitionen des Kulturbegriffs befassen und unterschiedliche Herangehensweisen beim Vergleich von kulturellen Einheiten vorstellen. Der niederländische Kulturwissenschaftler Geert Hofstede, der französischen Anthropologe Claude Lévy-Strauss und der deutsche Kulturpsychologe Alexander Thomas seien an dieser Stelle nur beispielhaft genannt. Zur Herausarbeitung der kulturellen Unterschiede in Deutschland und in Frankreich, haben sich die empirischen Forschungsergebnisse von Geert Hofstede sowie die Untersuchungen der Unternehmensberater Jochen Peter Breuer und Pierre de Bartha als aufschlussreich erwiesen.

2 Die deutsch-französischen Kulturdimensionen nach Hofstede

Hofstede führte in der Zeitspanne 1968 bis 1972 eine umfangreiche Datenerhebung innerhalb des internationalen Konzerns IBM durch. Dieser zählte zu dem Zeitpunkt 72 Niederlassungen in 40 Ländern. Hofstedes Arbeit zählt zu den anerkanntesten kulturvergleichenden Forschungen. Anhand der erfassten Daten entwickelte er sein Modell der Kulturdimensionen. Zieht man Hofstedes Daten zum Vergleich von Deutschland und Frankreich heran, können folgende Aussagen daraus abgeleitet werden:

Die französische Gesellschaft ist genauso wie die deutsche tendenziell individualistisch geprägt. Der Mensch und die engste Familie stehen im Mittelpunkt, wobei die Familientradition in Frankreich ausgeprägter ist, als in Deutschland (Zahl 2017: 71 f.). Beachtenswert bei unseren französischen Nachbarn ist, dass auch außerhalb des engsten Familienkreises, persönliche Beziehung von hoher Bedeutung sind. Der persönliche Umgang miteinander, erleichtert den Arbeitsalltag und schafft Vertrauen.

Hofstede betrachtet in seiner Forschung auch die staatlichen Organisationsstrukturen. Frankreich ist ein zentralistischer Staat, weshalb die Machtdistanz zwischen den Bürgern und dem Regierungsapparat sehr hoch ist. Die Steuerung der französischen Republik findet fast ausschließlich von Paris aus statt. Die Regierung, die Eliteschulen und die wichtigsten Wirtschaftsunternehmen

Frankreichs befinden sich in der Hauptstadt, oder in unmittelbarer Nähe. Ein großer Teil der Landesgeschichte ist von der Tradition des Absolutismus geprägt, was zum Teil das verankerte Hierarchieverständnis in der französischen Gesellschaft erklärt (Hofstede 2012: 108).

Seit der Reichsgründung im Jahre 1871 ist Deutschland ein föderaler Staat. Das Prinzip des Föderalismus besteht darin „[...] eine gewisse Einheit mit einer gewissen Vielfältigkeit zu verbinden" (Carl Joachim, zitiert nach Rudzio 2011: 317). Die Form des funktionalen Föderalismus erlaubt dem Gesamtstaat und den Gliedstaaten kooperativ und eigenständig zu arbeiten (Rudzio 2011: 319). Durch die Subsidiarität-Regelung kann die Integration unterschiedlicher Gebiete unter der Berücksichtigung regional unterschiedlicher Präferenzen gewährleistet werden. Dank dieser Strukturen ist die Machtdistanz in der Bundesrepublik viel geringer ausgeprägt.

Eine weitere Besonderheit Frankreichs liegt in der rigiden Sprachpolitik. Sie ist eng mit der französischen Staatsnationalität verknüpft (Zahl 2017: 72). Für Anglizismen ist im Französischen eine klare Übersetzung vorgesehen und in der französischen Sprachgesetzgebung ist festgelegt, dass interne Unternehmensverträge in französischer Sprache ausformuliert werden müssen. In Deutschland ist dies nicht der Fall. Anglizismen werden akzeptiert und auch Verträge können in englischer Sprache ausformuliert werden. Das ‚patriotische Sprachgefühl' und der ‚Stolz auf die eigene Muttersprache' ist im französischen Nachbarland also deutlicher ausgeprägt.

Bei Betrachtung der Geschlechterrollen in beiden Gesellschaften, wird deutlich, dass in Deutschland ein höheres Maß an Maskulinität verzeichnet werden kann, als im Nachbarland. Der Unterschied lässt sich dadurch erklären, dass Frauen in Frankreich nach der Geburt ihres Kindes, deutlich früher wieder zur Berufstätigkeit übergehen als in Deutschland (Zahl 2017: 73). Frankreich verfügt über umfassende staatliche Förderungen wie etwa Geburtsbeihilfe, Steuererleichterungen und Kindergeld.

3 Die deutsch-französische Wirtschaftskultur nach Breuer und de Bartha

Die deutsch-französischen Unternehmensberater Jochen Peter Breuer und Pierre de Bartha führen seit den 80er und 90er Jahren Forschungen zur deutsch-französischen Unternehmenskultur durch. Das Duo betrachtet Interkulturelle Kompetenz im Zusammenhang mit der Persönlichkeitskultur des Individuums, also seiner Denk- und Handlungsweisen (Breuer, de Bartha 1993: 10). Die Persönlichkeit setzt sich gleichwertig aus dem Charakter und der Biostruktur einer Person zusammen. Während sich der Charakter durch äußere Einflüsse formt, ist die Biostruktur genetisch veranlagt. Auf letztere stützen sich Breuer und de Bartha. Mit der „Structogram®-Analyse“ ist es möglich, die genetisch veranlagte Grundstruktur der menschlichen Persönlichkeit zu ermitteln. Dabei wird auf das „Triune Brain“ (Drei-einiges-Gehirn) nach Paul D. MacLean aus der Hirnforschung zurückgegriffen (Schoemen 2015: 118). Die Farben blau, grün und rot stellen die einzelnen Gehirnbereiche farblich dar (Schoemen 2015: 118):

- Großhirn (blau): der Gehirnbereich des Selbstbewusstseins, des planenden und vorausschauenden Handelns
- Zwischenhirn / limbisches System (rot): der Bereich der Selbstbehauptung, des Überlebens durch Kampf oder Flucht
- Stammhirn (grün): das Gehirn der Selbsterhaltung der Urinstinkte des Lebens

Jeder Mensch besitzt diese drei Gehirne in unterschiedlicher Ausprägung, wodurch jedes Verhalten individuell erzeugt wird. In welchem Verhältnis die drei Gehirne zueinanderstehen, kann anhand eines Fragenkatalogs analysiert werden. Die Structogram-Scheibe dient der Visualisierung.

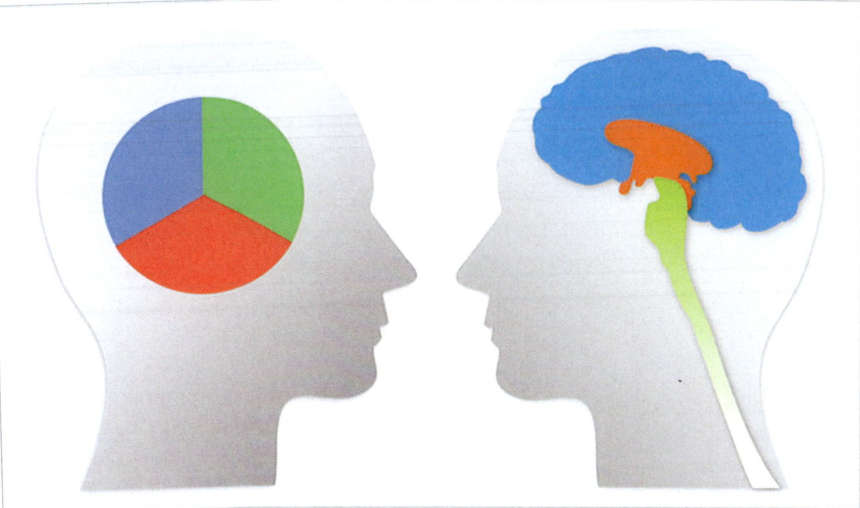

Abbildung 1: Biostruktur (Quelle: Structogram-International, IBSA AG, Luzern 2019).

Die Farbe, die am stärksten ausgeprägt ist, stellt den wesentlichen Teil des Temperaments dar und zeigt die hervorstechenden Eigenschaften. Die zweitstärkste Komponente ergänzt die dominante und zeigt damit weitere Möglichkeiten auf. Diese beiden Komponenten sollten in Abhängigkeit der Stärke der Ausprägung in Kombination betrachtet werden. Die am schwächsten ausgeprägte Komponente zeigt die Begrenzungen auf (Breuer, de Bartha 1993: 10). Breuers und de Barthas Untersuchungen haben ergeben, dass beim deutschen Unternehmer die Blau-Komponente dominiert und beim französischen Unternehmer die Komponenten Rot und Grün (Breuer, de Bartha 1993: 12).

Während der Deutsche eher einem Pragmatiker gleichzusetzen ist, betreibt der Franzose sein Geschäft viel emotionaler. Sympathieaufbau ist für ihn von großer Bedeutung. Die emotionale Komponente zeigt sich in der französischen Art der Kommunikation. Diese zeichnet sich durch Schnelligkeit und Leidenschaft aus, wohingegen „Kommunizieren auf deutsch" oft auf sachliche und bestimmte Weise vonstattengeht. Es ist nicht unüblich, dass man sich in Frankreich gegenseitig ins Wort fällt. Dies wird nicht zwangsweise als unhöflich aufgefasst, sondern als Zeichen des aktiven Zuhörens und des Interesses am Gegenüber. Eloquenz wird in Frankreich hoch angesehen und wird mit Kompetenz in Verbindung gebracht. Der französische Kommunikationsstil wird als indirekt eingestuft, denn die eigentliche Nachricht befindet sich oftmals in einer Metapher, einer Umschreibung und nonverbalen Signalen (Zahl 2017: 75).

Die zweitstärkste Komponente in Deutschland ist die Rot-Komponente. Auf dieser Ebene können Deutsche und Franzosen Schnittstellen verzeichnen. Am geringsten scheint beim Deutschen die Grün-Komponente ausgeprägt zu sein. Einen Überblick über typische Temperamentszüge die aus der Biostruktur-Analyse hervorgehen und wie diese das Verhalten beeinflussen, verschafft folgende Matrix:

	Blau-Komponente	Rot-Komponente	Grün-Komponente
Beziehung zu Menschen	**Distanz** Streben nach Sicherheitsabstand, Zurückhaltung, Tendenz zur Verschlossenheit	**Dominanz** Streben nach Überlegenheit, Natürliche Autorität, Neigung zum Wettbewerb	**Kontakt** Streben nach menschlicher Nähe, Gespür für Menschen, Allgemeine Beliebtheit
Orientierung in der Zeit	**Zukunft** Bedenken der Konsequenzen, Planvolles Handeln, Suche nach Fortschritt	**Gegenwart** Erfassen des Augenblicks, Impulsives Handeln, Aktivität und Dynamik	**Vergangenheit** Bauen auf Vertrautes, Handeln aus Erfahrung, Vermeiden radikaler Veränderungen
Denk- und Arbeitsweise	**Ordnen** Systematisches analytisches Denken, Hang zur Perfektion	**Begreifen** Konkretes praktisches Denken, Neigung zum Improvisieren	**Erspüren** Intuitives Denken, Fingerspitzengefühl, Fantasie
Erfolg durch	**Sachlichkeit**	**Dynamik**	**Empathie**

Abbildung 2: Structogram®-Matrix (Quelle: Eigene Darstellung nach Juergen Schoemen).

Auf Grundlage von Breuers und de Barthas Erkenntnissen konnten Konfliktmuster identifiziert werden, die in der Zusammenarbeit zwischen Deutschen und Franzosen am häufigsten in folgenden Bereichen vorkommen:

- *Management:* auf deutscher Seite heißt man einen kompetenzbezogenen Führungsstil gut, auf französischer Seite einen personenbezogenen Führungsstil.

- *Zeitverständnis:* auf deutscher Seite herrscht ein präzises Zeitverständnis vor, während es auf französischer Seite eher global verstanden wird.
- *Projektablauf:* Die Planungsphasen in Deutschland sind i. d. R. lang und in der Ausführung strikt, in Frankreich steht oftmals Flexibilität im Vordergrund.
- *Denkweise:* auf deutscher Seite ausführlich, auf französischer Seite weitumfassend.

4 Implikation: Wie als Mediator mit deutsch-französischen Unterschieden umgehen?

Bei Konflikten treffen unterschiedliche Anschauungsweisen aufeinander. Seit den 1990er Jahren wird vermehrt der Begriff „interkulturelle Mediation" verwendet. Die interkulturelle Mediation setzt voraus, dass der Mediator über eine interkulturelle Kompetenz verfügt. D. h., der Mediator erkennt unterschiedliche Wahrnehmungen, die durch verschiedene kulturelle Hintergründe und Bezugssysteme geprägt sind (Yousefi 2014: 31 ff.). Ein Mediationsverfahren gilt als gelungen, wenn der Mediator es schafft einen sinnvollen Prozess des Dialogs und der gemeinsamen Entscheidungsfindung aufzubauen. Berücksichtigt man die kulturellen Unterschiede, die vorangehend beschrieben wurden, können daraus einige Handlungsempfehlungen für den Mediator abgeleitet werden, der im deutsch-französischen Wirtschaftskontext vermittelt:

Sprachbarrieren geschickt umgehen: In einer deutsch-französischen Mediation stellt vordergründig die Sprache das erste Hindernis dar. Es kann sein, dass nicht alle Beteiligten beide Sprachen fließend beherrschen. Der Mediator sollte aber beider Sprachen mächtig sein. Wenn der Wunsch besteht und sofern es die Ressourcen erlauben, kann ein zusätzlicher Dolmetscher zur Mediation hinzugeholt werden.

Herstellen von Sympathie und Anerkennung: Eine der wichtigsten Aufgaben des Mediators ist es Sympathie und Anerkennung zu schaffen. Dem Mediator muss es gelingen, den Franzosen zu zeigen, dass auch Deutsche menschliche Züge besitzen und umgekehrt muss er es für die Deutschen begreifbar machen, dass

Franzosen auch präzise und effizient arbeiten können (Yousefi 2014: 31 ff.). Dies kann der Mediator z. B. erreichen, indem er beide Parteien häufig die genannten Positionen reflektieren lässt.

Durchführung einer Co-Mediation: Ein deutscher und ein französischer Mediator versuchen gemeinsam zwischen den Streitparteien zu vermitteln. Dies hat den Vorteil, dass sich einerseits beide Seiten gut vertreten fühlen und andererseits fungiert das binationale Mediatorenteam als Vorbild für die Medianden.

Klärung der Verbindlichkeits- und Vollstreckbarkeitserklärung: Ein besonderer Unterschied in der deutschen und französischen Mediation liegt in der Vollstreckbarkeitserklärung der Vereinbarung. Während die Vereinbarung, die während einer Mediation in Frankreich hervorgegangen ist, sofort vollstreckbar ist, kennt das deutsche Mediationsgesetz keine originäre Vollstreckbarkeitserklärung von Mediationsvergleichen (Hauser 2015: 101). Eine Vereinbarung auf deutscher Seite wird bei Gericht durch einen Güterichter oder durch Beurkundung eines Notars vollstreckbar. In grenzüberschreitenden deutsch-französischen Mediationen sollte der Mediator daher die Frage nach der Verbindlichkeits- und Vollstreckbarkeitserklärung einer Einigung aufwerfen.

5 Ausblick

Das größte Konfliktpotenzial in deutsch-französischen Wirtschaftsbeziehungen, liegt in sprachlichen und kulturellen Missverständnissen. Dabei spiegelt sich der größte Gegensatz zwischen Franzosen und Deutschen im Kommunikationsstil wider. Die indirekte französische Kommunikationsweise prallt auf die direkte Art der deutschen Informationsvermittlung.

Eine der Hauptaufgaben bei grenzüberschreitenden deutsch-französischen Mediationen liegt also erst einmal im Bewusstmachen der unterschiedlichen kulturellen Prägungen. Ein Mediator, der in beiden Ländern zu Hause ist, sich mit den kulturellen Verschiedenheiten auskennt und beide Sprachen beherrscht, kann zur Aufdeckung von Missverständnissen beitragen. Bei deutsch-französischen Wirtschaftsprojekten sind interkulturelle Trainings und Pre-Mediation zur Vorbeugung von Konflikten deshalb empfehlenswert.

Die Möglichkeit der grenzüberschreitenden deutsch-französischen Mediation ist gegeben. Der formale Ablauf der Mediation in den Nachbarstaaten ist fast identisch. Auch wenn in Frankreich von einem Vier- bzw. Fünf-Phasen-Modell und in Deutschland von einem Fünf- bis Sechsphasen Modell ausgegangen wird, unterscheidet sich die Vorgehensweise bei der Bearbeitung eines Konflikts nicht wesentlich. Die einzige Ausnahme besteht in der Vollstreckbarkeitserklärung der Vereinbarung, die zu Anfang der Mediation geklärt werden muss.

Es existieren bereits einige deutsch-französische Mediationszentren, wie z. B. das Mediationszentrum der deutsch-französischen Industrie- und Handelskammer oder aber einzelne Mediations- und Schiedsgerichtsbarkeitsstellen, die im Rahmen von deutsch-französischen Regionalpartnerschaften entstanden sind. Grundlagen für grenzüberschreitende Mediation sind also vorhanden und sollten in Zukunft weiter ausgebaut werden.

6 Literatur

Breuer, Jochen Peter / de Bartha, Pierre (2005): Deutsch-französische Geschäftsbeziehungen erfolgreich managen. Spielregeln für die Zusammenarbeit auf Fach- und Führungsebene. 4. Auflage. Wiesbaden: Springer Gabler Verlag.

Cappai, Gabriele / Shimada, Shingo / Straub, Jürgen (2010): Interpretative Sozialforschung und Kulturanalyse. Hermeneutik und die komparative Analyse kulturellen Handelns. In: Straub, Jürgen (Hrsg.): Kultur und soziale Praxis. Bielefeld: transcript Verlag, S. 7–38.

Connexion-emploi.com (2018): Liste französischer Unternehmen und Filialen in Deutschland. Online abrufbar unter: https://www.connexion-emploi.com/de/a/liste-franzosischer-unternehmen-und-filialen-in-deutschland-berlin-hamburg-koln-dusseldorf-frankfurt-stuttgart-munchen-oder-deutscher-unternehmen-mit-geschafts-beziehungen-zu-frankreich (abgerufen am 10.08.2019).

Flaubert, Gustave (1913): „Allemands". In: Dictionnaire des Idées Reçues. Paris: Éditions du Boucher.

Hauser, Martin 2015: Wirtschaftsmediation in Frankreich und Deutschland im Vergleich. Konzepte, Ziele, Grundlagen, Interkulturelles, Unterschiede. Frankfurt am Main: Wolfgang Metzner Verlag.

Hofstede, Geert (2012): Lokales Denken, globales Handeln – Interkulturelle Zusammenarbeit und globales Management; 5., durchgesehene Auflage. München: Deutscher Taschenbuch Verlag.

Rudzio, Wolfgang 2011: Das politische System der Bundesrepublik Deutschland. 8., aktualisierte und erweiterte Auflage. Wiesbaden: VS Verlag für Sozialwissenschaften.

Sauzay, Brigitte (1986): Keine Liebe, aber Bewunderung. Online abrufbar unter: https://www.zeit.de/1986/51/keine-liebe-aber-bewunderung/komplettansicht (abgerufen am 31.08.2019).

Schoemen, Juergen (2015): Biostruktur-Analyse – Basis für das STRUCTOGRAM®Trainings-System, in Brand/Ion/Wittig: Handbuch der Persönlichkeitsanalysen. GABAL Verlag, S. 116–137.

Yousefi, Hamid Reza 2014: Grundbegriffe der Interkulturellen Kommunikation. Stuttgart: UTB GmbH.

Zahl, Eva (2017): Frankreich – Vielfalt und Savoir-Vivre. In: A. Ternès, I. Towers (Hrsg.): Interkulturelle Kommunikation. Wiesbaden: Springer Verlag, S. 65–77.

Judith Alison Eichberger absolvierte 2018 die Ausbildung zur Wirtschaftsmediatorin an der Steinbeis-Hochschule. Geprägt durch ihr deutsch-französisches Studium legte sie den Fokus auf die kulturellen Unterschiede der beiden Nachbarländer. Heute arbeitet sie als Fachplanerin für Fördertechnik. Da es bei Bauvorhaben immer wieder zu Missverständnissen zwischen den beteiligten Akteuren kommt, greift Judith Eichberger regelmäßig auf mediative Methoden zurück.

Die systemische Figurenaufstellung zu Gast in der Mediation. Wie kann diese Methode den Mediationsprozess unterstützen?

Bettina Rudy

Die Figurenaufstellung als systemische Visualisierungs- und Kommunikationsmethode dient im therapeutischen und beraterischen Anwendungsfeld der Unterstützung von Veränderungsprozessen. Diese Methode ist deshalb auch in der Mediation einsetzbar. In welcher Art und Weise sie in bestimmten Phasen des Mediationsprozesses besonders hilfreich sein kann, wird im Folgenden beschrieben.

1 Einleitung

Ziel dieses Beitrags ist es die Frage zu beantworten, wie und mit welcher Wirkung die systemische Figurenaufstellung in der Interessensphase (unterteilt nach Bedürfnisklärung und Perspektivenwechsel) und in der Optionsphase eines üblichen Mediationsprozesses eingesetzt werden kann. Betrachtet wird eine klassische Mediation mit zwei Medianden. Sonderformate der Figurenaufstellung sind nicht berücksichtigt. Anzumerken ist, dass die Figurenaufstellung auch in anderen Mediationsphasen hilfreich sein kann. Hierauf wird jedoch im Rahmen dieses Beitrages nicht eingegangen.

Zur besseren Lesbarkeit werden ausschließlich männliche Bezeichnungen verwendet. Alle Formulierungen sind selbstverständlich in gleichem Maße auf jegliches Geschlecht übertragbar. Einfachheitshalber steht der Begriff Klient auch für Kunde, Patient, Coachee etc.

2 Die Figurenaufstellung – Brett und Figuren

2.1 Eigenschaften und Zuordnung

Das klassische Brett für eine Figurenaufstellung ist häufig viereckig und aus hellem Holz mit einem Format von 50 × 50 cm. Es repräsentiert den räumlichen Rahmen eines Systems zu einem bestimmten Thema, quasi als eine Miniaturbühne. Der Klient wählt Figuren (oft aus Holz) und Symbole (z. B. Holzklötze oder Ringformen) als Stellvertreter für relevante Beteiligte und Faktoren für sein Anliegen aus und stellt diese auf dem Brett auf. Form, Größe und Farbe können dabei sehr variieren. Die Figuren repräsentieren in der Regel beteiligte Personen, die Symbole zahlreiche Faktoren wie Emotionen, Gegenstände, Ressourcen, Hindernisse, Glaubenssätze, Werte etc. Im Unternehmenskontext kommen Symbole häufig zum Einsatz für die Visualisierung von Produkten, Prozessen, Strategien usw.

Die Art und Weise, was und wie aufgestellt wird, bietet wichtige Erkenntnisse als Grundlage späterer Lösungsmöglichkeiten. Es gibt viele Merkmale, die individuell über das System und die Beziehungsstruktur des Klienten im Rahmen seines Anliegens Auskunft geben. Hierzu gehört zum Beispiel die Größe und Form der ausgewählten Figuren / Symbole, die Reihenfolge der Aufstellung auf dem Brett, die Entfernung zwischen den Figuren / Symbolen, die Blickrichtung sowie die Anordnung auf dem Brett. Die räumliche Entfernung der Figuren kann insbesondere die soziale / emotionale Distanz zum Ausdruck bringen, die Größe möglicherweise die Dominanz und die Form eine Geschlechtszuordnung. Alle in Frage kommenden Eigenschaften sind nur Möglichkeiten und keinesfalls Standardeinteilungen oder feststehende Zuschreibungen. Es kommt auf die individuelle Situation des Klienten mit seiner persönlichen Interpretation und Bewertung an.

Abbildung 1: Figurenaufstellung als systemische Visualisierungs- und Kommunikationsmethode (Foto: Bettina Rudy).

2.2 Geschichtlicher Hintergrund

Der Psychologe und systemische Psychotherapeut Dr. Kurt Ludewig und sein Team haben die Arbeit der Figurenaufstellung mit dem Familienbrett 1978 im Rahmen der systemischen Familientherapie entworfen und in Forschungsprojekten auf seine Nützlichkeit erprobt. Grundlage war die von Virginia Satir entwickelte Skulpturtechnik innerhalb der Familientherapie sowie das hierauf aufbauende Aufstellungsverfahren der Familienskulptur nach Duhl/Kantor in den 70er Jahren. Diese Interventionen gehen wiederum auf Ansätze des Psychodramas von Moreno (1959) und des Scenotestes von Staabs (1939) zurück (Polt/Rimser 2006: 9 ff).

Ludewig sieht die Möglichkeit des Sichtbarwerdens von Beziehungen auf dem Familienbrett als ersten Schritt zu deren Veränderung (Ludewig et al. 1983: 9). Er wollte damit „ein Ausdrucksmittel, eine Sprache entwerfen, womit bildhaftes, ganzheitliches Kommunizieren und Dokumentieren möglich ist" (Ludewig et al.

1983: 8). Die Figurenaufstellung mit dem Familienbrett ist also als Mittel der Visulisierung und Kommunikation zu verstehen, das eine analoge und umfassende Kommunikation fördert.

2.3 Heutige Anwendungsfelder

Inzwischen wird das Familienbrett zur Aufstellungsdurchführung auch als Beziehungsbrett oder Systembrett bezeichnet. Die Figurenaufstellung hat jedoch das ausschließliche Anwendungsfeld der Familientherapie längst verlassen und ist heute in den unterschiedlichsten systemischen Feldern und Disziplinen zu finden – in der Beratung, im Coaching und Training sowie in der Mediation und Supervision. Es kann sich um Anliegen im persönlichen als auch im unternehmerischen/organisatorischen Umfeld handeln (Polt/Rimser 2006: 10). Die Methode wird überall dort eingesetzt, wo mehrere Personen oder Faktoren innerhalb eines Systems zum jeweiligen Thema betroffen sind, z. B. Familie, Unternehmen, Teams, Projekte, Prozesse.

Entweder dient die Figurenaufstellung als vollständiges Kommunikationsmittel zur durchgehenden Gesprächsgestaltung innerhalb eines eigenen in sich geschlossenen Aufstellungsprozesses oder sie ist lediglich ein Teil bzw. eine einzelne Intervention innerhalb eines übergeordneten Gesamtprozesses.

2.4 Wirkungsweise – ein Bild sagt mehr als 1000 Worte

Die Figurenaufstellung als systemische Visualisierungsmethode und gleichzeitiges Kommunikationsmittel schafft für Klienten die Möglichkeit, innere Bilder mittels Figuren und Symbole nach außen zu transportieren und dreidimensional darzustellen. Das, was bisher im Kopf durchdacht war, wird sichtbar auf das Brett gebracht und damit leichter bewusst und begreifbar gemacht. Der Klient wird dabei unterstützt, sich von der rein kognitiven Ebene zu lösen, ohne sie ganz zu verlassen und diese mit seinem visuellen Kanal und der unbewussten/intuitiven Wahrnehmung zu verbinden. Durch diese Integration und Überbrückung zwischen Kopf und Bauch kommt es zu einer erweiterten Wahrnehmung und damit zu mehr Gestaltungsmöglichkeiten von Veränderungsprozessen (Grabenow 2014: 9 f). Das Thema wird transparenter, anschaulicher und leichter der

Reflexion zugänglich als Grundlage zur Lösungsfindung. Andere Blickwinkel und Perspektiven können vom Klienten einfacher eingenommen und verstanden werden. Hinzu kommt, dass das externalisierte bewegbare Bild gegenüber dem inneren Bild die Chance bietet, dass es mittels der Figuren / Symbole umgestellt werden kann und somit Veränderungen und damit verbundene Effekte ausprobiert werden können. Der Klient nimmt die Gestaltung wortwörtlich in die Hand und kann das System haptisch rekonstruieren.

Schlussendlich dient die Figurenaufstellung als Zugangshilfe, um die Problem-los-Lösung zu erleichtern und die Problem-auf-Lösung zu fördern. So beschleunigt sich der Veränderungsprozess oftmals deutlich.

2.5 Systemische Kompetenz zur Durchführung

Die konsequente systemische Denk- und Arbeitsweise innerhalb der Figurenaufstellung ist Basis für eine verantwortungsvolle und kompetente Durchführung. Entsprechende Fragetechniken sind bei der anschaulichen Aufstellungsarbeit wichtigstes Hilfsmittel. Vor allem die Wirkung zirkulärer Fragen verstärkt sich deutlich durch die Visualisierung. Auf Ausführungen zu systemischen Grundlagen und zur Systemtheorie wird in diesem Beitrag verzichtet. Letztlich bieten die Ethik-Richtlinien der Systemischen Gesellschaft und die von diesem Verband beschriebenen systemischen Ansätze den notwendigen Rahmen für die Arbeit mit der Figurenaufstellung.

3 Einsatzmöglichkeiten in ausgewählten Mediationsphasen

Die Anwendung der systemischen Figurenaufstellung wird im Folgenden immer nur als Teil eines Mediationsprozesses betrachtet. Die speziell für diesen Aufsatz gewählten Mediationsphasen werden in sich geschlossen beleuchtet, unabhängig davon, wie und mit welchen Methoden im Mediationsprozess davor oder danach gearbeitet wird. Aufgezeigt wird allerdings, ob nach Abschluss der Aufstellung ein nahtloser Übergang zu den weiteren Phasen des Mediationsprozesses möglich ist. Nach Beendigung der Intervention in der jeweiligen Phase muss immer eine Dokumentation des Aufstellungsergebnisses gemäß den Regeln der Mediation und den vereinbarten Mitteln erfolgen, auch als Grundlage für den nächsten Mediationsschritt. Fotos sind möglich, wenn dies mit beiden Medianden abgestimmt ist.

Grundsätzlich können die Vorgehensweise und das Setting der Aufstellungsarbeit innerhalb eines Mediationsprozesses stark differieren und hängen von vielen Faktoren ab – von der Komplexität über die emotionale Tiefe der eingebrachten Themen bis hin zu den Rahmenbedingungen – so wie im üblichen Mediationsprozess auch. Es gibt keine festgeschriebenen Standards. Die folgenden Ausführungen stellen lediglich Möglichkeiten dar, die jedoch konsequent der systemischen Grundhaltung folgen.

3.1 Aufstellung in der Interessensphase – Klärung von Interessen / Bedürfnissen

Wie lässt sich die Figurenaufstellung in dieser Mediationsteilphase einsetzen?

Geeignete Situation

Wenn die Kommunikation stagniert und / oder Emotionen eine hohe Wichtigkeit haben, kann die Aufstellung hilfreich sein. Auch unsichtbare Beziehungsmuster oder Verstrickungen, die es den Medianden schwierig machen, Bedürfnisse und Interessen auf der reinen Gesprächsebene klar zu beschreiben, sind geeignete Situationen; ebenso, wenn die Lage zu eskalieren droht oder bereits eskaliert ist und Distanz notwendig ist.

Vorgehensweise

Die Problemsituation mit den Themen und Faktoren wird zügig als vorbereitende Grundlage mit Figuren / Symbolen auf dem Brett aufgestellt, d. h. ohne Detailerläuterungen (dies wurde ja bereits zuvor im Mediationsprozess besprochen). Jeder Mediand beschreibt nun mit Blick auf sein aufgestelltes Bild seine Interessen, Emotionen, Gedanken und Befindlichkeiten. Durch das Hinzufügen weiterer Figuren / Symbole kann er auch Glaubenssätze, Werte etc. darstellen und kommentieren. Verflechtungen und Wechselwirkungen lassen sich ebenfalls visualisieren. Der Vertiefungsgrad ist flexibel skalierbar und richtet sich nach Auftrag und Thema. Je nach Kontext lassen sich unterschiedlichste Techniken bei der Aufstellung anwenden als Vorbereitungsmaßnahme für den Perspektivenwechsel im Mediationsprozess, wie zum Beispiel:

- Ressourcen: Es besteht bereits in der Bedürfnisphase die Möglichkeit, vorhandene Ressourcen einzubringen und diese mit Figuren / Symbolen zu visualisieren, sodass sich das Bild schon hier um positive Merkmale erweitert als Grundstein für den weiteren Ablauf.
- Distanzierung: Wenn aufgeladene Emotionen es nicht ermöglichen, einen klaren Blick auf den Konflikt und die damit verbundenen Interessen zu bekommen, kann die systemische Technik der Externalisierung zur Problemdistanzierung unterstützen. Der Konflikt einer Person wird grammatikalisch in der dritten Person ausgesprochen (Systemische Gesellschaft 2017) und der Mediand stellt ein zusätzliches Symbol hierfür auf.

Aufstellungssetting

Im Fokus soll das gemeinsame Gespräch, also keine separaten Einzelgespräche, sein. Jede Konfliktpartei hat dabei ein eigenes Brett, damit eine emotionale Beweglichkeit und Selbstbehauptung sichergestellt ist. Jeder Mediand stellt nacheinander seine Interessen / Bedürfnisse zu dem Anliegen auf und erläutert diese. Derjenige, der gerade nicht aufstellt, hört nur zu und macht sich ggf. Notizen. Verständnisfragen sind erlaubt, wenn dies als Möglichkeit ausdrücklich vorher festgelegt wurde. Nach jeder einzelnen Aufstellung oder nach Abschluss beider Aufstellungen der Konfliktparteien steuert der Mediator das anschließende gemeinsame Gespräch nach den Regeln der Mediation in dieser Phase (Grabenow 2014: 184 f).

Je nach Auftrag und Kontext kann es auch ratsam sein, die Figurenaufstellung zunächst in Einzelgesprächen ohne Anwesenheit der anderen Konfliktpartei durchzuführen. Dies ist zum Beispiel der Fall, wenn die Situation in einem nicht zielführenden Eskalationsbereich liegt, komplett stagniert oder die Medianden noch nicht bereit für eine emotionale Offenlegung gegenüber dem anderen sind. In einem darauffolgenden gemeinsamen Gespräch stellen die Medianden dann gegenseitig ihr jeweils aufgestelltes Bild vor.

Aufstellungsfragen (Beispiele)

Was ist Ihnen wichtig in dem Bild? Welches Interesse wollen Sie in dem Bild sicherstellen? Welches Bedürfnis liegt diesem Bild zugrunde? Welche Auswirkungen zeigen sich im Bild, wenn Sie die von Ihnen genannte Emotion haben? Was wurde bis jetzt noch nicht gesehen? Wie alt sind die Gefühle schon in dem Bild?

Nutzen der Figurenaufstellung

Wenn der Mediationsprozess in dieser Phase stockt, kann die Aufstellungsarbeit als Kreativmethode und Musterunterbrechung sehr nützlich sein. Sie ist visuelle Zugangshilfe zu Interessen / Bedürfnissen und erweitert damit das rein kognitive Vorgehen. Die bildhafte Darstellung macht es einfacher, diese zu identifizieren, zu beschreiben und zu verdichten. Emotionale Zusammenhänge, Kausalitätsketten und Konfliktmuster, ggf. auch schon Ressourcen, können besser erkannt und verstanden werden. Das individuelle Erleben des Konfliktes bekommt Gestalt und Struktur (Grabenow 2014: 190). Und auch bei der zuschauenden Gegenpartei löst die visualisierte Befindlichkeit des Gegenübers in vielen Fällen mehr Nachvollziehbarkeit aus als nur mit dem gesprochenen Wort (Grabenow 2014: 184). Dies fördert das gegenseitige Verständnis für die Gesamtsituation.

Die Methode, die nach Dr. Kurt Ludewig „die Möglichkeit einer ‚spielerischen' Distanzierung von zu starker Betroffenheit" (Ludewig et al. 1983: 2) bietet, ist auch als Deeskalationsmittel hilfreich. Die gewünschte Dissoziation wird insbesondere durch die Beschreibung auf der Metaebene mit Blickrichtung auf die Aufstellung eingeleitet.

Gut integrierbar in den Mediationsprozess: Die Aufstellungsarbeit ist in ihrem Nutzen kompatibel mit der Zielsetzung der Interessen / Bedürfnisklärung im Mediationsprozess. Nach Dokumentation und Beendigung dieser Intervention kann nahtlos nach den Regeln der Mediation fortgefahren werden. Das aufgestellte Bild eignet sich sehr gut als visuelle Grundlage zur Bearbeitung des darauffolgenden Perspektivenwechsels.

3.2 Aufstellung in der Interessensphase – Perspektivenwechsel

Wie lässt sich die Figurenaufstellung in dieser Mediationsteilphase im Anschluss an die Klärung von Interessen / Bedürfnissen einsetzen?

Geeignete Situation

Die Methode ist bei der Durchführung des Perspektivenwechsels besonders geeignet, wenn dieser auf rein verbalem Wege aus unterschiedlichen Gründen schwerfällt, zum Beispiel wenn komplexe Zusammenhänge, festgefahrene Sichtweisen oder ein unveränderter Problemfokus andere Blickwinkel schwer machen. Unabhängig von problematischen Situationen bietet sich die Methode überall dort an, wo eine generelle Auflockerung für den Perspektivenwechsel hilfreich ist.

Vorgehensweise

Davon ausgehend, dass bezüglich der Bedürfnis- und Interessensklärung bereits mit der Figurenaufstellung gearbeitet wurde, ist das Aufstellungsbild mit den Erkenntnissen Basis für den visuellen Perspektivenwechsel.

Kommt die Methode für den Perspektivenwechsel erstmalig zum Einsatz, wird die Problemsituation mit den Themen und Bedürfnissen / Interessen zügig als vorbereitende Grundlage mit den Figuren / Symbolen auf dem Brett aufgestellt – ohne Detailerläuterung (dies wurde ja bereits zuvor im Mediationsprozess besprochen).

Jeder Mediand nimmt dann unterschiedliche Positionen ein, indem er sich rund um seine Aufstellung bewegt. Er schaut dabei von verschiedenen Seiten auf seine Figuren / Symbole, sozusagen mit einem 360-Grad-Blick und beschreibt die neuen Blickwinkel vor dem Hintergrund der bereits gesammelten Erkenntnisse aus dem Mediationsprozess.

Aufstellungssetting

Im Fokus soll das gemeinsame Gespräch, also keine separaten Einzelgespräche, sein. In der Regel ist es sinnvoll, mit einem Brett je Konfliktpartei zu arbeiten und mit dem eigenen aufgestellten Bild den Perspektivenwechsel durchzuführen. Es ist auch möglich, verschiedene Blickwinkel auf dem Brett der anderen Konfliktpartei einzunehmen, das hängt jedoch stark vom Einzelfall und den Mediandcn ab.

Wird die Figurenaufstellung erstmalig für den Perspektivenwechsel eingesetzt, kann es sinnvoll sein, gleich mit einem gemeinsamen Brett zu arbeiten, je nachdem, wie der Mediationsprozess angelegt ist und in welchem Kontext.

Aufstellungsfragen (Beispiele)

Was nehmen Sie durch Ihren 360-Grad-Blick alles im Bild wahr? Welche verschiedenen Sichtweisen zum Thema wären im Bild möglich? Welche Unterschiede ergeben sich durch Ihren Positionswechsel? Angenommen, Sie würden das Bild aus der Position und mit den Augen von XY sehen, was fällt Ihnen dabei auf? Wie geht es möglicherweise XY in diesem Bild? Was glauben Sie, wie würde ein neutraler Beobachter das Bild beschreiben?

Nutzen der Figurenaufstellung

Die Aufstellung ist in dieser Mediationsphase generell als Kreativitätsmethode und Musterunterbrechung geeignet, um andere Blickwinkel und Beobachtungsposten durch das visuelle Erlebnis zu fördern und die bloße Gesprächsebene zu erweitern. Darüber hinaus kommen die Konfliktparteien in Bewegung (weg vom Statischen) dies erleichtert die Fremd- und Eigenbetrachtung. Den Medianden wird eine Reflexion und Horizonterweiterung ermöglicht, ohne dem jeweils anderen dabei Recht geben zu müssen. Das gegenseitige Verständnis wird gefördert. Das Einnehmen unterschiedlicher Perspektiven rund um das Brett bietet auch eine Zugangs- und Strukturhilfe zum bildhaften Erkennen von Zusammenhängen.

Gut integrierbar in den Mediationsprozess: Die Aufstellungsarbeit ist in ihrem Nutzen kompatibel mit der Zielsetzung des Perspektivenwechsels im Mediationsprozess. Nach Dokumentation und Beendigung dieser Intervention kann nahtlos nach den Regeln der Mediation fortgefahren werden.

3.3 Aufstellung in der Optionsphase

Wie lässt sich die Figurenaufstellung in der Optionsphase einsetzen im Hinblick auf Ideensammlung und Lösungsoptionen?

Geeignete Situation

Die Methode ist in der Optionsphase besonders geeignet, wenn der Mediationsprozess aus unterschiedlichsten Gründen ins Stocken gerät. Dies ist beispielsweise der Fall, wenn Denkblockaden vorliegen oder das Problem im Fokus bleibt und die Lösungsbereitschaft zumindest bei einer Konfliktpartei eher niedrig ist. Aber auch wenn belastende und/oder vielschichtige Emotionen immer wieder hochkommen und es nicht zielführend ist, wieder auf die Bedürfnisebene zurückzugehen (z. B. weil das den Prozess unverhältnismäßig verlängern und den Rahmen der Abmachung sprengen würde), bietet sich ein visueller Interventionswechsel an.

Unabhängig von problematischen Situationen ist die Aufstellungsarbeit generell als Szenariotechnik für Lösungsfindungen hilfreich.

Vorgehensweise

Bei erstmaligem Einsatz der Figurenaufstellung wird bereits Besprochenes aus den bisherigen Mediationsphasen mit allen wichtigen Faktoren zügig und zusammenfassend als Grundlage auf dem Brett aufgestellt. Es erfolgt keine unnötige Wiederholung oder Vertiefung von erarbeiteten Inhalten. Nun können verschiedene Ideen, Handlungsoptionen und Lösungsmöglichkeiten von den Konfliktparteien auf dem Brett eingebracht, bewegt und umgestellt werden. Dazu gehört auch das Aufstellen bzw. Visualisieren von Hindernissen und Ressourcen, die für die Lösungsfindung wichtig sind. Mit „Best Case Szenarien“ (oder auch „Worst Case Szenarien“) lassen sich Möglichkeiten ausprobieren und reflektieren. Je mehr Szenarien und Optionen aufgebaut und getestet werden, desto schneller kann danach der Mediationsprozess in der Bewertung und Angebotsverhandlung sein.

Aufstellungssetting

Die Konfliktparteien arbeiten in einem gemeinsamen Gespräch mit einem gemeinsamen Brett.

Wenn in der Mediationsphase zuvor die Figurenaufstellung bereits eingesetzt und dort einzelne Bretter je Konfliktpartei verwendet wurden, ist jetzt der geeignete Zeitpunkt, auf ein zusätzliches gemeinsames Brett zu gehen. Für den Übergang auf das gemeinsame Brett kann die Überleitungsfrage an die Mediandeen hilfreich sein: Was brauchen Sie, damit es überhaupt funktionieren kann und in welcher Relation ist dies nun zu setzen?

Es ist auch möglich, mehrere gemeinsame Bretter zu verwenden, um verschiedene Szenarien aufzustellen und miteinander zu vergleichen.

Aufstellungsfragen (Beispiele)

Welche Möglichkeiten im Bild sehen Sie? Was müsste in dem Bild geschehen, dass eine Lösung eintritt/ein erster Schritt möglich ist/dass es besser wird? Wo könnten die Unterschiede in einem möglichen Lösungsbild gegenüber dem Konfliktbild liegen? Wenn Sie selbst einen Wendepunkt setzen, wie könnte der ausschauen? Angenommen, ein neutraler Beobachter kommt hinzu, was würde er für eine Lösungsoption aufstellen? Was brauchen Sie (noch), um eine Lösungsoption auf dem Bild darzustellen? Wer oder was fehlt hier noch für eine erste Lösungsidee?

Abbildung 2: Figurenaufstellung in der Optionsphase (Foto: Bettina Rudy).

Nutzen der Figurenaufstellung

In der Optionsphase unterstützt die Figurenaufstellung den Suchprozess von Ideen und Lösungsansätzen als wirkungsvolle Kreativitätsmethode und Musterunterbrechung, insbesondere durch die Möglichkeit von Veränderungssimulationen. Konfliktparteien erhalten eine spielerische und aufgelockerte Zugangshilfe zu neuen Impulsen und erweiterten Handlungsspielräumen. Sie werden zum „Probehandeln" durch Umstellungen motiviert und eventuelle Denkblockaden sind leichter zu überwinden. Das Finden von Lösungsoptionen kann sich dadurch deutlich beschleunigen. Diese Art der Reflexion von Lösungsmöglichkeiten ist eine gute Grundlage und Entscheidungshilfe für den nächsten Schritt im Mediationsprozess.

Gut integrierbar in den Mediationsprozess: Die Aufstellungsarbeit ist in ihrem Nutzen kompatibel mit der Zielsetzung der Optionsphase im Mediationsprozess. Nach Dokumentation und Beendigung dieser Intervention kann nahtlos nach den Regeln der Mediation fortgefahren werden.

4 Grenzen der Methode in der Mediation

Der Informations- und Kommunikationswert wird erst durch die Art und Weise geschaffen, wie die Aufstellung angewendet und besprochen wird; dies vor allem vor dem Hintergrund der relativ geringen Vorstrukturierung dieses Kommunikationsmittels und dem weiten Rahmen der Anwendungsmöglichkeiten (Ludewig et al. 1983: 10). Wer diese Methode bei einer Mediation erfolgreich einsetzen möchte, muss über ausreichend systemische Kompetenz verfügen und systemische Fragetechniken zielsicher anwenden können. Die Fehler, die man mit diesem Instrument machen kann, und die Grenzen sind in vielen Punkten die gleichen wie bei vielen anderen angewandten Interventionen/Methoden im Mediationsprozess.

Im Folgenden werden einige Aspekte genannt:

- Der Mediator muss immer kritisch prüfen, ob die Figurenaufstellung für ein bestimmtes Konfliktthema oder einen bestimmten Personenkreis tatsächlich ein geeignetes Hilfsmittel ist und in welcher Mediationsphase der Einsatz sinnvoll sein kann.
- Wichtig ist, die Medianden im Vorfeld darüber zu informieren, was die Methode im Rahmen des Mediationsprozesses leisten kann. Der Ablauf und die Regeln müssen genau erläutert und der Aufstellungsprozess äußerst transparent begleitet werden.
- Während der Aufstellung ist besonders darauf zu achten, dass der Mediator nicht in das aufgestellte Bild eingreift. Es dürfen von ihm keine Figuren berührt und umgestellt oder gar die Anordnung bewertet werden. Es sollte immer nur gefragt werden, ob etwas auch anders dargestellt werden könnte, wenn dies angebracht ist. Auch hier ist wie in jeder prozessorientierten begleitenden Beratung wichtige Regel, keinen direkten Einfluss zu nehmen oder Lösungen anzubieten. Nur mit dieser Haltung kann ein eigenverantwortliches Ergebnis für die Medianden erzielt werden, so wie es der Mediationsprozess vorsieht.
- Trotz allem ist es möglich, dass Medianden, die in ihrem Wahrnehmungskanal eher auditiv geprägt sind, weniger positiv auf die Figurenaufstellung

ansprechen als Medianden mit starker visueller und / oder kinästhetischer Wahrnehmung. Deshalb ist vom Mediator sehr sensibel auf mögliche Signale zu achten, wenn die Methode nicht den gewünschten Effekt zeigt. Ein Hinweis könnte zum Beispiel sein, wenn der hauptsächliche Blick des Medianden nicht auf der Aufstellung liegt. In solchen Fällen muss entsprechend reagiert werden und ein sanfter Ausstieg aus dem Setting erfolgen, indem der Mediator das ursprünglich angedachte Format runterfährt und die Methode nur für eine kurze Musterunterbrechung zum Einsatz kommt.

5 Schlussbetrachtung

Die zu Beginn gestellte Frage, wie und mit welcher Wirkung sich die systemische Figurenaufstellung in den für diesen Aufsatz ausgewählten Mediationsphasen einsetzen lässt, ist nun beantwortet. Generell lässt sich sagen, dass die Methode in diesen Phasen eine kreative und effiziente Unterstützung bietet. In kurzer Zeit können Medianden leichter Übersichten und Einsichten gewinnen sowie Veränderungsmöglichkeiten erkennen. Dies ist insbesondere durch die Effekte der 3D-Visualisierung, Haptik und Bewegung in Kombination mit sprachlichen Beschreibungen möglich. Der Nutzen der Figurenaufstellung wurde im Kapitel 2 abgeleitet und ist hier nochmals zusammengefasst:

- Kommunikationsmittel zur Gesprächsförderung
- Kreativitätstechnik zur lebendigen Prozessgestaltung oder Musterunterbrechung
- Visuelle Zugangs- / Reflexionshilfe (z. B. bezüglich Emotionen und Perspektivenwechsel)
- Haptisches Instrument, um ins Tun und Handeln zu kommen
- Szenariotechnik für Lösungsoptionen
- Hilfsmittel zur Distanzierung emotionaler Betroffenheit / zur Deeskalation

Es zeigt sich, dass die Aufstellungsintervention das zu erreichende Ziel der jeweiligen Mediationsphase deutlich unterstützt und sich sehr praktikabel ohne

Bruch als Modul in den Mediationsprozess integrieren lässt und diesen auch beschleunigen kann.

6 Literatur

Breiner, Georg und Polt, Wolfgang (2017): Lösungen mit dem Systembrett – Ein umfassendes Handbuch für Aufstellungen mit dem Systembrett in Unternehmensberatung und persönlicher Beratung. Aachen: Ökotopia.

Grabenow, Christiane (2014): Handbuch – Business-Aufstellungen auf dem Systembrett. Hildesheim: CSG Medien.

Ludewig, Kurt / Pflieger, Karin / Wilken, Ulrich / Jakobskötter, Gabriele (1983): Entwicklung eines Verfahrens zur Darstellung von Familienbeziehungen: Das Familienbrett. Hamburg. Online abrufbar unter: http://kurtludewig.de/Downloads/14%20Familienbrett%20Original%201983.pdf (abgerufen am 15.09.2019).

Polt, Wolfgang und Rimser, Markus (2006): Aufstellungen mit dem Systembrett – Interventionen für Coaching, Beratung und Therapie. Münster: Ökotopia.

Systemische Gesellschaft Deutschland (2017): Systemischer Ansatz. Online abrufbar unter: https://systemische-gesellschaft.de/systemischer-ansatz/ (abgerufen am 18.09.2019).

Bettina Rudy ist Managerin im Bereich Business Development und interne Unternehmenskommunikation bei einem internationalen Beratungsunternehmen. Zusätzlich ist sie seit über zehn Jahren als systemische Therapeutin und Business Coach in eigener Praxis tätig. Ihr Qualifikationsprofil hat sie dabei ständig erweitert, u. a. als zertifizierte Wirtschaftsmediatorin (Steinbeis) und Stressmanagement-Trainerin.

Bereits in der Steinbeis-Edition erschienen

99 Verhandlungen – wer spielt verliert?!

Schriftenreihe des Fachmagazin Die Mediation | Band 5

Jonathan Barth

ISBN 978-3-95663-216-7 | Artikel-Nr.: 211068 | 2020
Softcover, farbig | 143 Seiten, dt. | 14,90 €

Mediation in cross-border succession conflicts and the effects of the EU Succession Regulation – Research Report

Schriftenreihe des Fachmagazin Die Mediation | Band 4

Gernot Barth, Jonathan Barth, Bernhard Böhm,
Judith Pfützenreuter (Eds.)

ISBN 978-3-95663-210-5 | Artikel-Nr.: 202902 | 2019
Softcover, s/w | 247 S., engl. | kostenfrei

ISBN 978-3-95663-212-9 | Artikel-Nr.: 208703 | 2019
E-Book (PDF), s/w | 250 S., engl. | kostenfrei

Wirtschaftsmediation – Konflikte in Unternehmen und Organisationen

Schriftenreihe des Fachmagazin Die Mediation | Band 2

Gernot Barth, Bernhard Böhm,
Jonathan Barth (Hrsg.)

ISBN 978-3-95663-209-9 | Artikel-Nr.: 208241 | 2019
Hardcover, farbig | 198 Seiten, dt. | 14,90 €

www.steinbeis-edition.de